青少年人工智能编程 启蒙丛书

图形化编程控制技术

上

涂正元　张武超　王旭利　主　编

杨丽萍　吴娟意　刘　洁　龚运新　副主编

清华大学出版社

北京

内 容 简 介

本书通过专门设计的电子接口器件组成各种产品，如 LED 灯、三色灯、流水灯、交通信号灯、LED 点阵控制器、电机控制器、报警器、红外线感应器、声控台灯、声光双控楼道灯、舵机自动控制器等，重点介绍控制电路的设计方法和编程控制方法，同时用已学的电子 CAD 软件制作这些产品设计图。

本书内容科学、专业，可作为中小学人工智能入门教材（第三方进校园首选教材），也可作为学校社团活动使用教材，还可作为家长培训孩子的指导书。

图书在版编目（CIP）数据

图形化编程控制技术 . 上 / 涂正元，张武超，王旭
利主编 . -- 北京 : 清华大学出版社 , 2024. 9. -- (青
少年人工智能编程启蒙丛书). -- ISBN 978-7-302
-67334-7

Ⅰ . TP311.1-49

中国国家版本馆 CIP 数据核字第 2024VE7414 号

责任编辑：袁勤勇　常建丽
封面设计：刘　键
责任校对：刘惠林
责任印制：沈　露

出版发行：清华大学出版社
　　　网　　　址：https://www.tup.com.cn，https://www.wqxuetang.com
　　　地　　　址：北京清华大学学研大厦 A 座　　　　邮　　编：100084
　　　社 总 机：010-83470000　　　　　　　　邮　　购：010-62786544
　　　投稿与读者服务：010-62776969, c-service@tup.tsinghua.edu.cn
　　　质量反馈：010-62772015, zhiliang@tup.tsinghua.edu.cn
　　　课件下载：https://www.tup.com.cn,010-83470236
印 装 者：三河市铭诚印务有限公司
经　　销：全国新华书店
开　　本：185mm×260mm　　　印　张：12.75　　　字　数：188 千字
版　　次：2024 年 9 月第 1 版　　　印　次：2024 年 9 月第 1 次印刷
定　　价：39.00 元

产品编号：103096-01

丛书顾问委员会名单

主 任： 郑刚强　陈桂生

副主任： 谢平升　李　理

成 员： 汤淑明　王金桥　马于涛　李尧东　龚运新　周时佐
柯晨瑰　邓正辉　刘泽仁　陈新星　张雅凤　苏小明
王正来　谌受柏　涂正元　胡佐珍　易　强　李　知
向俊雅　郭翠琴　洪小娟

策 划： 袁勤勇　龚运新

新时代赋予新使命，人工智能正在从机器学习、深度学习快速迈入大模型通用智能（AGI）时代，新一代认知人工智能赋能千行百业转型升级，对促进人类生产力创新可持续发展具有重大意义。

创新的源泉是发现和填补生产力体系中的某种稀缺性，而创新本身是21世纪人类最为稀缺的资源。若能以战略科学设计驱动文化艺术创意体系化植入科学技术工程领域，赋能产业科技创新升级高质量发展甚至撬动人类产业革命，则中国科技与产业领军世界指日可待，人类文明可持续发展才有希望。

国家要发展，主要内驱力来自精神信念与民族凝聚力！从人工智能的视角看，国家就像是由14亿台神经计算机组成的机群，信仰是神经计算机的操作系统，精神是神经计算机的应用软件，民族凝聚力是神经计算机网络执行国际大事的全维度能力。

战略科学设计如何回答钱学森之问？从关键角度简要解读如下。

（1）设计变革：从设计技术走向设计产业化战略。

（2）产业变革：从传统产业走向科创上市产业链。

（3）科技变革：从固化学术研究走向院士创新链。

（4）教育变革：从应试型走向大成智慧教育实践。

（5）艺术变革：从细分技艺走向各领域尖端哲科。

（6）文化变革：从传承创新走向人类文明共同体。

（7）全球变革：从存量博弈走向智慧创新宇宙观。

宇宙维度多重，人类只知一角，是非对错皆为幻象。常规认知与高维认知截然不同，从宇宙高度考虑问题相对比较客观。前人理论也可颠覆，毕竟宇宙之大，人类还不足以窥见万一。

探索创新精神，打造战略意志；

成功核心，在于坚韧不拔信念；

信念一旦确定，百慧自然而生。

丛书顾问委员会由俄罗斯自然科学院院士、武汉理工大学教授郑刚强，清华大学博士陈桂生，湖南省教育督导评估专家谢平升，麻城市博达学校校长李理，中国科学院自动化研究所研究员汤淑明，武汉人工智能研究院研究员、院长王金桥，武汉大学计算机学院智能化研究所教授马于涛，麻城市博达学校董事长李尧东，无锡科技职业学院教授龚运新，黄冈市黄梅县教育局周时佐，麻城市博达学校董事李知，黄冈市黄梅县实验小学向俊雅、郭翠琴，黄冈市黄梅县八角亭中学洪小娟等组成。

丛书序

　　人工智能教育已经开展了十几年。这十几年来，市场上不乏一些好教材，但是很难找到一套适合的、系统化的教材。学习一下图形化编程，操作一下机器人、无人机和无人车，这些零散的、碎片化的知识对于想系统学习的读者来说很难，入门较慢，也培养不出专业人才。近些年，国家已制定相关文件推动和规范人工智能编程教育的发展，并将编程教育纳入中小学相关课程。

　　鉴于以上事实，编委会组织专家团队，集合多年在教学一线的教师编写了这套教材，并进行了多年教学实践，探索了教师培训和选拔机制，经过多次教学研讨，反复修改，反复总结提高，现将付梓出版发行。

　　人工智能知识体系包括软件、硬件和理论，中小学只能学习基本的硬件和软件。硬件主要包括机械和电子，软件划分为编程语言、系统软件、应用软件和中间件。在初级阶段主要学习编程软件和应用软件，再用编程软件控制简单硬件做一些简单动作，这样选取的机械设计、电子控制系统硬件设计和软件3部分内容就组成了人工智能教育阶段的入门知识体系。

　　本丛书在初级阶段首先用电子积木和机械积木作为实验设备，选择典型、常用的电子元器件和机械零部件，先了解认识，再组成简单、有趣的应用产品或艺术品；接着用CAD（计算机辅助设计）软件制作出这些产品的原理图或机械图，将玩积木上升为技术设计和学习CAD软件。这样将玩积木和学知识有机融合，可保证知识的无缝衔接，平稳过渡，通过几年的教学实践，取得了较好效果。

　　中级阶段学习图形化编程，也称为2D编程。本书挑选生活中适合中小学生年龄段的内容，做到有趣、科学，在编写程序并调试成功的过程中，发展思维、提高能力。在每个项目中均融入相关学科知识，体现了专业性、严谨性。特别是图形化编程适合未来无代码或少代码的编程趋势，满足大众学习编程的需求。

图形化编程延续玩积木的思路，将指令做成积木块形式，编程时像玩积木一样将指令拼装好，一个程序就编写成功，运行后看看结果是否正确，不正确再修改，直到正确为止。从这里可以看出图形化编程不像语言编程那样有完善的软件开发系统，该系统负责程序的输入，运行，指令错误检查，调试（全速、单步、断点运行）。尽管软件不太完善，但对于初学者而言还是一种有趣的软件，可作为学习编程语言的一种过渡。

在图形化编程入门的基础上，进一步学习三维编程，在维度上提高一维，难度进一步加大，三维动画更加有趣，更有吸引力。本丛书注重编写程序全过程能力培养，从编程思路、程序编写、程序运行、程序调试几方面入手，以提高读者独立编写、调试程序的能力，培养读者的自学能力。

在图形化编程完全掌握的基础上，学习用图形化编程控制硬件，这是软件和硬件的结合，难度进一步加大。《图形化编程控制技术（上）》主要介绍单元控制电路，如控制电路设计、制作等技术。《图形化编程控制技术（下）》介绍用 Mind+ 图形化编程控制一些常用的、有趣的智能产品。一个智能产品要经历机械设计、机械 CAD 制图、机械组装制造、电气电路设计、电路电子 CAD 绘制、电路元器件组装调试、Mind+ 编程及调试等过程，这两本书按照这一产品制造过程编写，让读者知道这些工业产品制造的全部知识，弥补市面上教材的不足，尽可能让读者经历现代职业、工业制造方面的训练，从而培养智能化、工业社会所需的高素质人才。

高级阶段学习 Python 编程软件，这是一款应用较广的编程软件。这一阶段正式进入编程语言的学习，难度进一步加大。编写时尽量讲解编程方法、基本知识、基本技能。这一阶段是在《图形化编程控制技术（上）》的基础上学习 Python 控制硬件，硬件基本没变，只是改用 Python 语言编写程序，更高阶段可以进一步学习 Python、C、C++ 等语言，硬件方面可以学习单片机、3D 打印机、机器人、无人机等。

本丛书按核心知识、核心素养来安排课程，由简单到复杂，体现知识的递进性，形成层次分明、循序渐进、逻辑严谨的知识体系。在内容选择上，尽量以趣味性为主、科学性为辅，知识技能交替进行，内容丰富多彩，采用各种方法激活学生兴趣，尽可能展现未来科技，为读者打开通向未来的一扇窗。

我国是制造业大国，与之相适应的教育体系仍在完善。在义务教育阶段，职业和工业体系的相关内容涉及较少，工业产品的发明创造、工程知识、工匠精神等方面知识较欠缺，只能逐步将这些内容渗透到入门教学的各环节，从青少年抓起。

丛书编写时，坚持"五育并举，学科融合"这一教育方针，并贯彻到教与学的每个环节中。本丛书采用项目式体例编写，用一个个任务将相关知识有机联系起来。例如，编程显示语文课中的诗词、文章，展现语文课中的情景，与语文课程紧密相连，编程进行数学计算，进行数学相关知识学习。此外，还可以编程进行英语方面的知识学习，创建多学科融合、共同提高、全面发展的教材编写模式，探索多学科融合，共同提高，达到考试分数高、综合素质高的教育目标。

五育是德、智、体、美、劳。将这五育贯穿在教与学的每个过程中，在每个项目中学习新知识进行智育培养的同时，进行其他四育培养。每个项目安排的讨论和展示环节，引导读者团结协作、认真做事、遵守规章，这是教学过程中的德育培养。提高读者语文的写作和表达能力，要求编程界面美观，书写工整，这是美育培养。加大任务量并要求快速完成，做事吃苦耐劳，这是在实践中同时进行的劳育与体育培养。

本丛书特别注重思维能力的培养，知识的扩展和知识图谱的建立。为打破学科之间的界限，本丛书力图进行学科融合，在每个项目中全面介绍项目相关的知识，丰富学生的知识广度，加深读者的知识深度，训练读者的多向思维，从而形成解决问题的多种思路、多种方法、多种技能，培养读者的综合能力。

本丛书将学科方法、思想、哲学贯穿到教与学的每个环节中。在编写时将学科思想、学科方法、学科哲学在各项目中体现。每个学科要掌握的方法和思想很多，具体问题要具体分析。例如编写程序，编写时选用面向过程还是面向对象的方法编写程序，就是编程思想；程序编写完成后，编译程序、运行程序、观察结果、调试程序，这些是方法；指令是怎么发明的，指令在计算机中是怎么运行的，指令如何执行……这些问题里蕴含了哲学思想。以上内容在书中都有涉及。

本丛书特别注重读者工程方法的学习，工程方法一般包括 6 个基本步骤，分别是想法、概念、计划、设计、开发和发布。在每个项目中，对这 6 个步骤有些删减，可按照想法（做个什么项目）、计划（怎么做）、开发（实际操作）、展示（发布）这 4 步进行编写，让学生知道这些方法，从而培养做事的基本方法，养成严谨、科学、符合逻辑的思维方法。

教育是一个系统工程，包括社会、学校、家庭各方面。教学过程建议培训家长，指导家庭购买计算机，安装好学习软件，在家中进一步学习。对于优秀学生，建议继续进入专业培训班或机构加强学习，为参加信息奥赛及各种竞赛奠定基础。这样，社会、学校、家庭就组成了一个完整的编程教育体系，读者在家庭自由创新学习，在学校接受正规的编程教育，在专业培训班或机构进行系统的专业训练，环环相扣，循序渐进，为国家培养更多优秀人才。国家正在推动"人工智能""编程""劳动""科普""科创"等课程逐步走进校园，本丛书编委会正是抓住这一契机，全力推进这些课程进校园，为建设国家完善的教育生态系统而努力。

本丛书特别为人工智能编程走进学校、走进家庭而写，为系统化、专业化培养人工智能人才而作，旨在从小唤醒读者的意识、激活编程兴趣，为读者打开窥探未来技术的大门。本丛书适用于父母对幼儿进行编程启蒙教育，可作为中小学生"人工智能"编程教材、培训机构教材，也可作为社会人员编程培训的教材，还适合对图形化编程有兴趣的自学人员使用。读者可以改变现有游戏规则，按自己的兴趣编写游戏，变被动游戏为主动游戏，趣味性较高。

"编程"课程走进中小学课堂是一次新的尝试，尽管进行了多年的教学实践和多次教材研讨，但限于编者水平，书中不足之处在所难免，敬请读者批评指正。

丛书顾问委员会

2024 年 5 月

前言

    近些年，国家已制定相关文件推动和规范编程教育的发展，将编程教育纳入中小学相关课程。为了帮助教师更有效地进行编程教育，让学生学好每一节编程课，团队组织多年在教学一线的教师编写了一套教材，经过多次教学研讨，反复修改，反复总结并提高，现将付诸出版发行。

    本册教材在学习图形化编程和电子元器件的基础上，选择典型、常用的电子元器件组成简单有趣的应用产品，同时用已学过的电子 CAD 软件制作这些产品原理图，保证知识无缝衔接、平稳过渡。

    本册的产品有 LED 灯、三色灯、流水灯、交通信号灯、LED 点阵控制器、电机控制器、报警器、红外线感应器、声控台灯、声光双控楼道灯和舵机自动控制器，这些美观实用的产品，增加了趣味性，可进一步提高课程的吸引力。

    本书主编由麻城市博达学校涂正元，红安县超翼机器人创客中心张武超，麻城市第 2 小学王旭利担任，副主编由麻城市博达学校杨丽萍、吴娟意、刘洁，无锡科技职业学院龚运新担任。

    人工智能是当今迅速发展的产业，是一个全新事物，一切还在快速发展和创新中，书中难免存在不足之处，敬请广大读者见谅。

    需要书中配套材料包的读者可发送邮件至 33597123@qq.com 咨询。

编　者

2024 年 4 月

目 录

项目 0　Mind+ 硬件介绍

　　Arduino 是一个开放源码的电子原型平台，拥有灵活、易用的硬件和软件（Arduino IDE）。硬件包含各种型号的 Arduino 板。Arduino 具有如下特点：跨平台（Arduino IDE 可以在三大主流操作系统上运行，而其他大多数控制器只能在 Windows 上开发）、简单清晰、开放性、型号多样。Arduino 专为设计师、工艺美术人员、业余爱好者，以及对开发互动装置或互动式开发环境感兴趣的人而创设。本项目主要学习 Mind+ 硬件的使用方法和软件的使用方法，主要知识点是 Mind+ 硬件的组成和分立器件的识别。

任务 0.1　初识 Arduino

Arduino 可以接收来自各种传感器的输入信号，从而检测出运行环境，并通过输入设备、微型控制器、输出设备组成各种智能控制系统。微型控制器编程使用 Arduino 编程语言（基于 Wiring）和 Arduino 开发环境（以 Processing 为基础）。Arduino 可以独立运行，也可以与计算机上运行的软件（如 Flash、Processing、MaxMSP）进行通信。Arduino 开发 IDE 接口基于开放源代码，可以让您免费下载使用并开发出更多令人惊艳的互动作品。

0.1.1　认识 Arduino UNO

先来简单地看下 Arduino UNO。图 0-1 所示中有标识的部分为常用部分。图中标出的数字端口和模拟端口，即为常说的 I/O 端口。数字端口有 0~13，模拟端口有 A0~A5。除最重要的 I/O 端口外，还有电源部分。Arduino UNO 可以通过两种方式供电，一种是通过 USB 供电，另一种是通过外接 6~12V

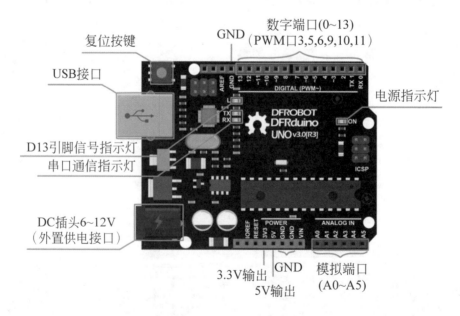

图 0-1　Arduino UNO 板

的直流（DC）电源供电。除此之外，还有 4 个 LED 灯和复位按键。其中 4 个 LED 灯分别为：①标注为 ON 的 LED 灯，作为电源指示灯，通电就会亮。②标注为 L 的 LED 灯，是接在数字端口 13 上的一个 LED 灯，在下节会有样例说明。③标注为 TX 和 RX 的 LED 灯，是串口通信指示灯，在下载程序的过程中，这两个灯会不停闪烁。

　　Arduino UNO 上的端口资源是非常金贵的。尤其是 5V 和 GND 的电源接口在板子上只有 2~3 个。因此在搭建多个器件时，需要用到多个 GND 或者 5V 接口，这时就没有足够的端口资源。因此必须要一个端口扩展板来充分扩展 Arduino UNO 的资源。与 Arduino UNO 配合使用的 Prototype Shield 扩展板，用来搭建扩展电路元件，可以直接在板子上焊接元件，也可以通过上面的迷你面包板连接电路。面包板与电路板之间通过双面胶连接。如图 0-2 所示的这种板子,数字端口和模拟端口与 Arduino UNO 是一一对应的。另外，图 0-2 中标出的 5V 都是相通的，GND 也是相通的（后续项目的接线图都以老版本为示例）。新版本的 Prototype Shield 原型扩展板如图 0-3 所示。面包板如图 0-4 所示。

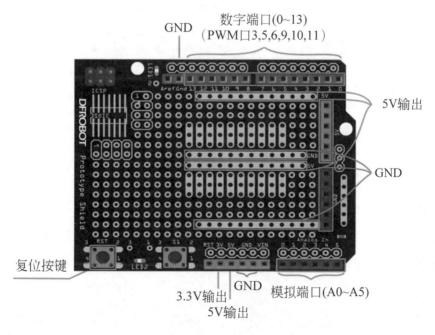

图 0-2　扩展板

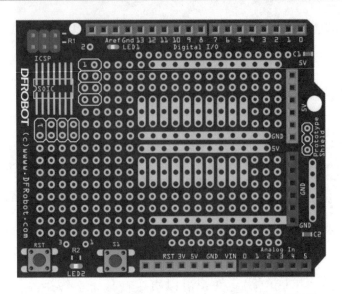

图 0-3　新版本的 Prototype Shield 原型扩展板

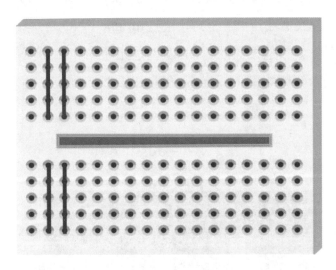

图 0-4　面包板

　　面包板是一种可重复使用的非焊接的元件，用于制作电子线路原型或者线路设计。简单地说，面包板是一种电子实验元件，表面是打孔的塑料，底部有金属条，可以实现插上即可导通，无须焊接。面包板使用方法其实很简单，就是把电子元件和跳线插到板子上的孔洞，具体怎么插，就要从面包板的内部结构上做文章。

　　从图 0-4 可以看到，面包板分为上、下两部分，蓝线指出的纵向每 5 个孔是相通的。凹槽设计是保证凹槽两面孔间距刚好是 7.62mm，这个间距正好可以插入标准窄体的 DIP 引脚的 IC，如图 0-5 所示。

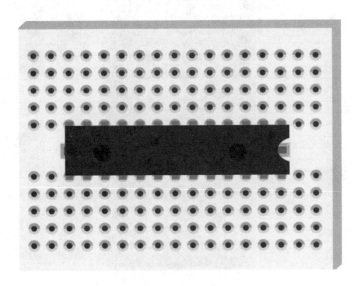

图 0-5 演示面包板

插上 IC 后，因为引脚多，一般很难取下，这个凹槽刚好可以用镊子之类的东西将 IC 慢慢取下。

0.1.2 器件识别与测试

Arduino UNO 上面的电子元器件很多，一一介绍篇幅很大，只能介绍主要的、常用的器件。下面分别介绍 CPU 芯片、电阻、LED 等器件。

1. CPU 芯片

CPU 为中央处理器（Central Processing Unit，CPU），作为计算机系统的运算和控制核心，是信息处理、程序运行的最终执行单元。现在 Mind+ 用的是 ESP 系列产品，早期用的是 30 个引脚的 ESP8266，目前 ESP32 系列的产品型号包括 ESP32-S2（单核 +2.4G WiFi）、ESP32-S3（双核 +2.4G WiFi+ 蓝牙 5）、ESP32-C2（单核 +2.4G WiFi+ 蓝牙 5）、ESP32-C3（单核 +2.4G WiFi+ 蓝牙 5）和传统的 ESP32 模块。

ESP32-S3 是目前功能较多的一款芯片，如图 0-6 所示，ATmega328P 共计 44 个引脚，每个引脚在说明书中都有说明。

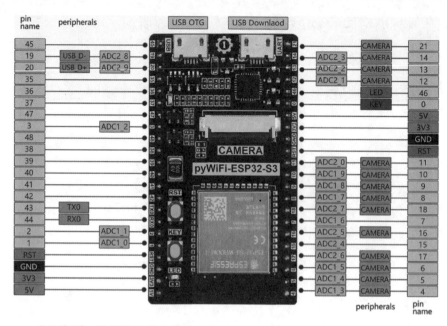

pyWiFi-ESP32-S3

Xtensa@ dual-core 32bit LX7 @240MHz
WiFi IEEE 802.11 b/g/n 2.4GHz
Bluetooth LE v5.0
512KB SRAM + 2M PSRAM (8M可选)
8MB Flash
45 GPIOs, SPI, UART, I2C, I2S, PWM,
USB-OTG, 2x12bit ADC 10 channel each

5V: USB口供电输入
3V3: 3.3V输出，最大电流600mA
VBAT: 锂电池输入（板载FET保护电路和锂电池
充电电路，XH-2.54 -2P接口在背面）

LED: 连接到引脚 '46'
KEY: 连接到引脚 '0'
I2C: 支持任意IO
UART: 支持任意IO
PWM: 支持任意IO
USB HOST: 1路
摄像头: 24P接口(OV2640)

Micro-Python
www.01Studio.cc

图 0-6 ESP32-S3 芯片

输入 / 输出引脚（GPIO）用来控制 LED、读取开关信息和与其他输入 / 输出设备进行通信。本项目只要任意使用一个输出引脚控制外接 LED 就能实现 LED 自动调控器。闪烁的快慢全由程序控制，这就是编程的实际功能。

Arduino UNO 控制器采用的是 Atmel 公司生产的 ATmega328P-PN 单片机。该单片机芯片内部集成了数量巨大的晶体管，如图 0-7 所示；该单片机为 28 引脚双列直插形式封装。

2. 电阻

电阻的单位是欧姆（Ω）。电阻对电流会产生一定的阻力，导致它两端

图 0-7　ATmega328P 开发板

的电压下降。可以将电阻想象成一个水管，它比连接它的管子细一点，当水（电流）流入水管（电阻），因管子变细，水流（电流）虽然从另一端出来，但水流（电流）减小了。电阻也是一样的道理，所以电阻可以用来给其他元件减流或减压。电阻有很多用处，对应名称也不同，如上拉电阻、下拉电阻、限流电阻等。在 LED（发光二极管）的电路中，电阻用作限流。一般是在数字引脚 10 处输出电压为 5V，输入电流为 40mA（毫安）直流电。普通的 LED 需要 2V 的电压和 35mA 左右的电流。因此，如果想以 LED 的最大亮度点亮它，需要一个电阻将电压从 5V 降到 2V，电流从 40mA 减到 35mA。这个电阻起限流的作用。

　　如果不连电阻会怎样呢？流过 LED 的电流过大（可以理解为水流过大，水管爆破），会使 LED 烧掉，就会看到一缕青烟并伴随着糊味，这里具体对电阻值选取的计算就不做说明了，只要知道在接 LED 时需要用到一个 220Ω 左右的电阻即可。大一点也没关系，但不能小于 100Ω。如果电阻值选得过大的话，对 LED 不会有什么影响，就是会显得比较暗。

3. LED

　　LED，即标准的发光二极管，是二极管中的一种。二极管是一种只允许电流从一个方向流进的电子器件。它就像一个水流系统中的阀门，但是只允许从一个方向通过。如果电流试图改变流动方向，那么二极管将阻止它这么干。所以，二极管在电路中的作用通常是用来防止电路中意外地将电源与地连接，避免造成损坏其他元件。LED 能发出不同颜色和亮度的光线，包括光谱中的紫外线和红外线（比如我们经常使用的各类遥控器上的 LED 也是其中一种，与普通发光二极管长得一样，只是发出的光人眼看不到，也称为红外发射管）。如果仔细观察 LED 会知道，LED 的引脚长度不同，长引脚为 +，短引脚为 −。如果正负接反会怎样呢？图 0-8 是 LED 的连接方法。左图是正确的连接方法，不用电阻短时间可以，时间不能太长，亮几秒烧不了二极管。

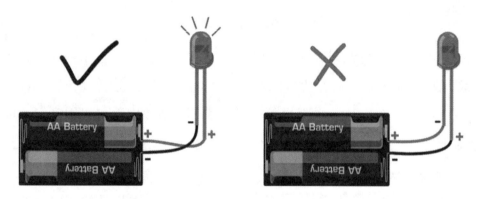

图 0-8　LED 的连接方法

在套件中，还有一种 LED，是 4 个脚的，这种 LED 称为 RGB LED。这种 LED 有三种颜色，分别是红色、绿色、蓝色，这三种颜色是三原色，通过这三种颜色的暗弱变换的组合可以呈现出任何大家想要的颜色。把三种颜色放在同一个外壳里就能达到这样的效果。在之后的项目中还会介绍到。

Arduino 板子和计算机间，用 USB 连接线这一硬件构建了物理连接。但仅做到这一步就好比是买来了各式各样的硬件组装好产品硬件，通过此线与计算机相连，将为组装好的硬件编写的代码烧录到 CPU 芯片中，还具有与 CPU 芯片的串口进行通信、实时数据流的传输等功能。

本教程前期的项目学习 Mind+ 图形化编程，有助于更好地理解程序的核心思想和实现步骤。熟悉各类指令后便可自己制作有趣的产品，用排列组合的方法，设计出独创的程序，并且逐渐尝试在 Mind+ 中自己输入代码。有了之前的基础，中后期的项目会脱离图形化编程，逐渐转为纯代码学习，让你在动手输入一行行的代码时，更深刻地感受编程的魅力。

任务 0.2　Mind+ 硬件初次使用

　　Arduino 生态中包括多种开发板、模块和扩展板。其中 UNO R3 是最适合入门且功能齐全、使用量最多的 Arduino 开发板。下面介绍开发板的使用方法。

0.2.1　安装软件

　　任何硬件必须要开发对应的软件，Mind+，全名 Mindplus，诞生于 2013年，是一款拥有自主知识产权的国产青少年编程软件，集成各种主流主控板及上百种开源硬件，支持人工智能（AI）与物联网（IoT）功能，既可以拖动图形化积木编程，也可以使用 Python/C/C++ 等高级编程语言。下面介绍软件的使用方法，首先要下载该软件。

1. 下载 Mind+（下载地址：http://mindplus.cc）

　　Mind+ 是一款基于 Scratch 3.0 开发的青少年编程软件，支持 Arduino、micro:bit、掌控板等各种开源硬件，只需要拖动图形化程序块即可完成编程，还可以使用 Python/C/C++ 等高级编程语言，让大家轻松体验创造的乐趣。

　　下载界面如图 0-9 所示，选择客户端下载，开始下载文件，注意下载保存的盘符和文件夹的名字，下载完毕后能找到文件，并进行安装。

　　如果在下载以及之后的安装和使用中遇到任何问题，可以访问 Mind+的官方网址，能够在常见问题和论坛中寻找解决方案，若搜索不到可以在论坛发帖询问，技术支持会及时解决你的问题。论坛网址为 http://mindplus.dfrobot.com.cn.。

图 0-9　下载界面

2. 安装

下载完成后双击安装：开始安装程序，安装程序界面如图 0-10 所示。

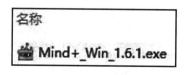

图 0-10　安装程序界面

1）安装驱动

程序安装成功后还要安装驱动，其方法是打开 Mind+ 软件，单击"教程"——"视频教程"选项，进入入门教程，根据"安装驱动"教程提示进行驱动安装即可。安装驱动后的界面如图 0-11 所示。

2）切换"上传模式"（本系列教程均在"上传模式"下操作）

在图 0-12 中单击右上角"上传模式"按钮，切换到上传模式，等待切换。

切换成功的"上传模式"界面，如图 0-13 所示。

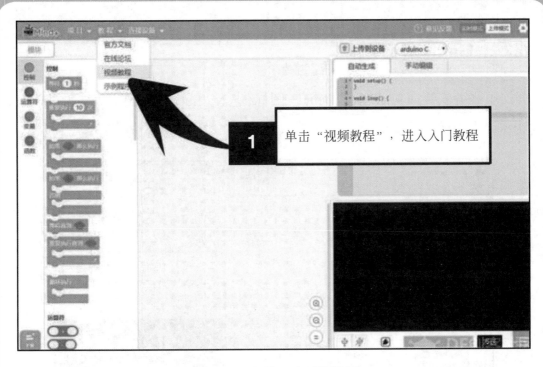

图 0-11　安装驱动后的界面

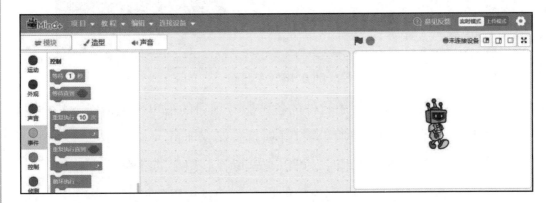

图 0-12　模式界面

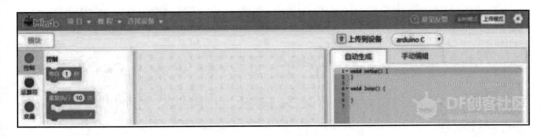

图 0-13　上传模式界面

0.2.2 Mind+ 界面介绍

下载并安装成功后，双击 Mind+ 图标，进入 Mind+ 编程主界面，如图 0-14 所示。主界面包括菜单栏、指令区、脚本区、代码查看区和串口区。

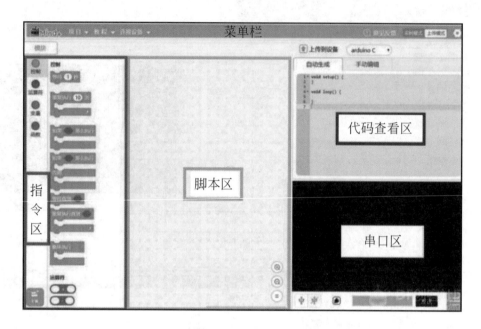

图 0-14 主界面

（1）菜单栏：是用来使用软件的各种服务项目的清单，包括以下几种。

"项目"菜单可以新建项目、打开项目、保存项目。

"教程"菜单在初步使用时，可以在这里找到想要的教程和示例程序。

"连接设备"菜单能检测到连接的设备，并且可以选择连接或断开设备。

"上传模式 / 实时模式"按钮切换程序执行的模式。

"设置"按钮用于设置软件主题、语言、学习基本案例，在线或加入交流群进行咨询。

（2）指令区：这里是"软件"的"道具"区，为了完成各种程序编写，需要很多不同的道具组合。在"扩展"里，可以选择更多额外的道具，支持各种硬件编程。

（3）脚本区：这里就是程序编写区，软件会按照"脚本区"的指令一条一条地执行，这里是大家都能看得懂的图形化编程。拖拽指令区的指令在此区域组合成程序。

（4）代码查看区：可查看"脚本区"图形化指令的代码，还能在"手动编辑"中自己通过键盘输入代码。

（5）串口区：想知道"程序"的效果如何，就必须要和"硬件"互动。这里能显示下载状况，比如可以看到程序有没有成功下载，或哪里出错了；程序运行状况；还能显示串口通信数据，也就是说，如果 Arduino UNO 板外接了一个声音传感器，那么就可以在串口区看到在这里显示的声音数值的大小。这里还有串口开关、滚屏开关、清除输出、波特率设置、串口输入框、输出格式控制。

应用举例：下载一个"闪烁（Blink）"程序，具体步骤如下。

第一步：双击桌面上的图标，如图 0-15 所示，打开 Mind+ 软件，将模式切换至"上传模式"。

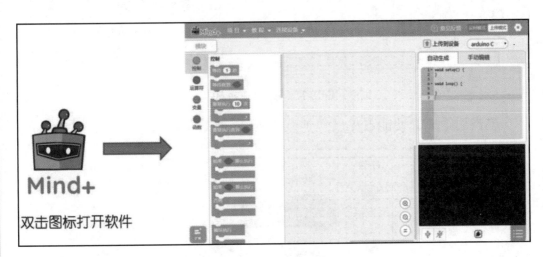

图 0-15　切换模式

第二步：用 USB 线将 Arduino 板和计算机连接，然后再单击"连接设备"——"COM7-UNO"，如图 0-16 所示。

注意："COM7"中的 7 会因为设备的关系而出现不同的数字，不影响使用。

如果这里没有出现 COM 端口，请确认 Arduino 板电源灯是否点亮以及驱动安装是否正确，若无法解决，可联系客服寻求帮助。

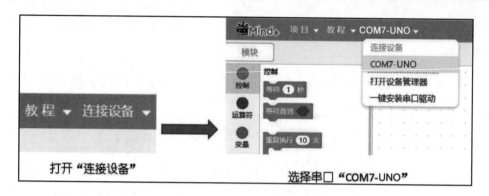

图 0-16　建立硬件连接

第三步：单击左下角"扩展"，进入后选择主控板——Arduino UNO，如图 0-17 所示。

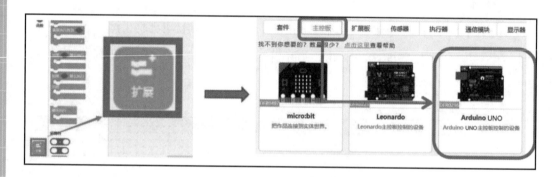

图 0-17　选择主控板

单击后返回，便能看见已经加载了 Arduino UNO 模块，如图 0-18 所示。

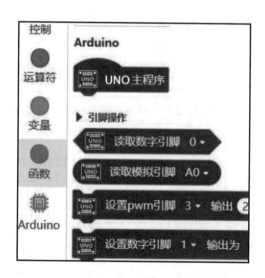

图 0-18　加载模块

注意： 不要忘记在每次打开软件后都要单击扩展，添加 Arduino UNO 库，否则会出现找不到指令的情况。

第四步：开始载入程序，单击"教程"中的"示例程序"，如图 0-19 所示。

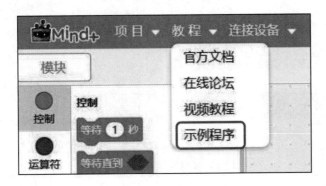

图 0-19　选择示例程序

单击载入第一个"闪烁"，如图 0-20 所示。

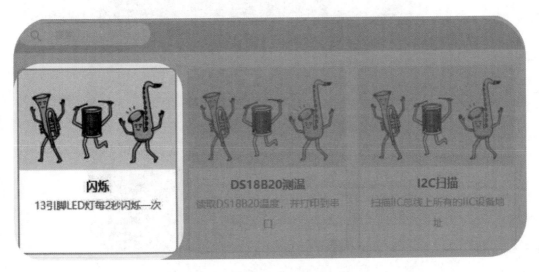

图 0-20　载入第一个"闪烁"

Mind+ 已经预置好了程序，单击"上传到设备"，如图 0-21 所示，等待程序烧录完毕。

程序烧录完毕后，便能看见在 Arduino 板上标记为"L"旁的 LED 灯在闪烁，如图 0-22 所示。

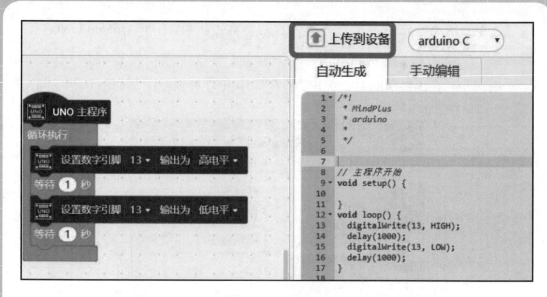

图 0-21　上传到设备

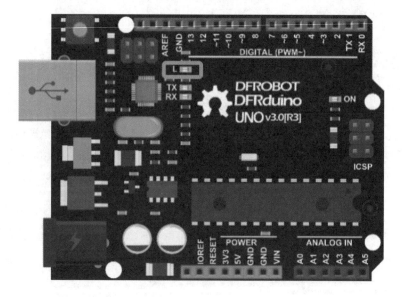

图 0-22　标记为"L"旁的 LED 灯闪烁

任务 0.3　总结及评价

　　自主评价式的展示。说一说使用 Mind+ 的全过程，请同学们先后自我介绍软件的功能，Mind+ 的使用方法和步骤，每条指令的作用和使用方法，展示自己制作的作品。

1. 任务完成调查

任务完成后，进行总结和讨论，首先在表 0-1 中进行自我评价。

表 0-1 打分表

序　号	任务 1	任务 2	任务 3
完成情况			
总　分			

2. 行为考核指标

行为考核指标，主要采用批评与自我批评、自育与互育相结合的方法，同时采用自我考核、小组考核和班级评定的方法，班级每周进行一次民主生活会，就自己的行为指标进行评议，考核指标如表 0-2 所示。

表 0-2 德育项目评分表

项　别	内　　容	评分	备　　注
7S	整理		
	整顿		
	清扫		
	清洁		
	素养		
	安全		
	节约		
学习态度	上课认真听讲		
	不玩游戏		
	不迟到		
	不早退		
	任务完成情况		
团队合作	服从分工		
	积极回答他人问题		
	帮助做事		
	关心集体荣誉		
	参与小组活动		

3. **集体讨论题**

（1）Mind+ 能做什么？

（2）Arduino UNO 能做什么？

4. **思考与练习**

（1）怎样下载 Mind+ 文件？

（2）在网上搜索一下，了解 Arduino UNO 主板上各芯片的功能。

项目 1　LED 单灯闪烁

LED 单灯闪烁，首先要弄清题目意义，LED 是发光二极管的简称，单灯为单个二极管做的指示灯，闪烁即指示灯忽亮忽暗，或者一亮一暗。本项目的意义就是控制一个 LED 指示灯亮一下，暗一下。控制一个 LED 指示灯是控制技术最简单的控制内容，也是学习控制技术入门的控制项目。该项目的主要知识点就是怎样对 CPU 的输出端口进行控制，市场上所用的单片机 51 系列最低有 2 个 8 位端口，可以控制 16 个 LED 灯闪烁，Mind+ 用的是 ESP 系列芯片 ATmega328P-PN，可控制 20 个端口线。设计单灯闪烁步骤包括：选择电子元器件，设计电路，编程控制，下载程序和调试程序，下面具体讲述。

任务 1.1　LED 单灯闪烁硬件拼装

实现 LED 单灯闪烁，首先要了解如何使用电子元器件，要想点亮 LED，需要在 LED 两端加 5V 以上的电压，电流限制在一定范围，还要自动实现 LED 一端电压时高时低，能实现这一功能的是单片机。用单片机控制单灯闪烁电路，设计为用单片机一个输出端口，外接一个 LED 指示灯，再编程控制该端口电平做高低变化，使外接的 LED 指示灯实现一亮一暗的功能。

1.1.1　器件识别与测试

Arduino UNO 控制器采用的是 Atmel 公司生产的 ATmega328P-PN 单片机。单片机芯片内部集成了数量巨大的晶体管，外形如图 1-1 所示；而 Arduino UNO 采用的单片机为 28 引脚双列直插形式封装，如图 1-2 所示。

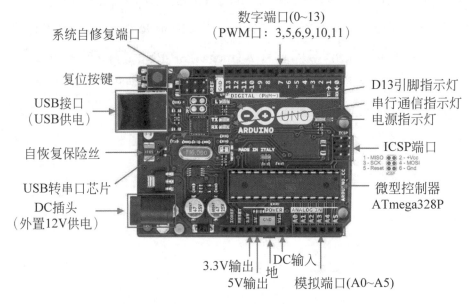

图 1-1　开发主板

采用双列直插式封装（DIP）的 ATmega328P-PN 单片机引脚实现了芯片和外部设备进行数据通信的物理和电气连接。ATmega328P 的主要技术参数如下。

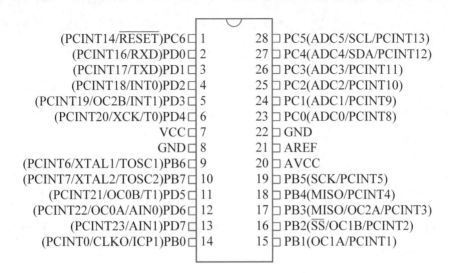

图 1-2 芯片引脚

- 单片机工作主频: 16 MHz(5 V); 闪存(Flash): 32 KB; 主存(RAM): 2 KB; EEPROM: 1 KB。

电源的供电方式有四种: 第一种通过 USB 接口直接供电; 第二种通过 5V 引脚给控制器供电; 第三种通过 DC 电源接口进行供电; 第四种通过扩展引脚中的 Vin 引脚进行供电。

- USB 接口: 通过 USB 数据线, 给 Arduino UNO 控制器提供 5V 的工作电压。

- 5V 引脚: 通过 5 V 引脚和 GND 供电, 确保提供的电压不大于 5V。

- DC 电源接口: 输入 7~12V 的电源, DC 电源接口连接 Arduino UNO 控制器上一个 5V 的稳压电路, 给 Arduino UNO 控制器提供标准的 5V 工作电压。

- Vin 引脚: Vin 引脚和 DC 电源接口一样, 输入 7~12V 的电源, 经过稳压后, 给 Arduino UNO 控制器提供标准的 5V 工作电压。

Arduino UNO 控制器有一个很好的设计, 允许同时连接多个电源。电源切换电路会选择最高可用电压的电源, 然后将其接入稳压器。

扩展引脚主要分为模拟输入信号引脚、数字信号引脚以及电源引脚。顾名思义, 数字信号引脚可直接输入或输出数字信号, 模拟输入信号引脚输入的是模拟信号。重启按钮可以对控制器进行重启操作。

Arduino UNO 控制器一侧的引脚如图 1-1 所示，每个引脚都有数字标识或文字标识，标识说明了引脚的编号或功能，各引脚的功能简述如下。

由图 1-2 可见，数据分三个端口，即 PB、PC 和 PD。B 口有 8 个端口线，即 PB0~PB7；C 口有 7 个端口线，即 PC0~PC6；D 口有 8 个端口线，即 PD0~PD7。

- 图 1-1 中 0~13 引脚标号为数字（Digital）引脚，具有数字信号的输入和输出功能，为了与模拟输入引脚的 A0~A5 区分，在以后的讲解中，将在数字引脚前加上 D，写成 D0~D13。关于数字信号，将在后续章节讲解。

- D0 和 D1 引脚上的 RX 和 TX 标识，表示该 D0 和 D1 引脚除具有数字信号的输入/输出功能外，还具有串口接收（RX）和发送（TX）数据的功能。

- 图 1-1 中数字引脚中有 6 个引脚标识有 "~" 符号，说明这 6 个引脚还兼具 PWM 功能。关于 PWM 功能，将在后续章节讲解。

- GND 表示该引脚为接地引脚。UNO 控制器所有标识为 GND 的引脚都是相互连通的。

- AREF 表示模拟输入参考电压的输入引脚。

- SDA/SCL 是串行通信 TWI 通信引脚，它分别与模拟引脚的 A4/A5 相互连通。

UNO 控制器另一侧的引脚如图 1-1 所示，各引脚的功能简述如下。

- A0~A5 引脚为模拟（Analog）输入引脚，具有模拟信号的输入功能。关于模拟信号，将在后续章节讲解。A0~A5 引脚也可以作为数字引脚使用，具有数字信号的输入和输出功能，引脚号分别对应为 D14~D19。

- Vin 引脚是外部电源输入引脚，输入电压为 7~12 V。

- GND 表示该引脚为电源地引脚。UNO 控制器所有标识为 GND 的引脚都是相互连通的。

- 3.3V 表示该引脚提供 3.3V 的电压输出。

- RESET 是重启端口。当该引脚连接 GND（输入低电平）时，UNO 控制器重新启动。
- IOREF 是输入 / 输出端口电压参考引脚，用于令扩展板适配开发板，提供或接受对应的电压（3.3V 或 5V）。
- 空接，该引脚为预留，没有任何作用。

主板上的标注与芯片引脚之间的关系如表 1-1 所示，表中展示出 20 个与外部接线端口的标注，编程时通过控制芯片引脚来达到控制外部设备的执行动作。需特别注意，一般情况下，芯片引脚不能直接与外部设备相连，要通过接口和隔离器件才能完成系统控制工作。

表 1-1　主板标注与芯片引脚的关系

主板标注	芯片引脚	芯片端口	主板标注	芯片引脚	芯片端口
0（RXD）	2	PD0	10~（PWM 波）	16	PB2
1（TXD）	3	PD1	11~（PWM 波）	17	PB3
2	4	PD2	12	18	PB4
3~（PWM 波）	5	PD3	13	19	PB5
4	6	PD4	A0	23	PC0
5~（PWM 波）	11	PD5	A1	24	PC1
6~（PWM 波）	12	PD6	A2	25	PC2
7	13	PD7	A3	26	PC3
8	14	PB0	A4	27	PC4
9~（PWM 波）	15	PB1	A5	28	PC5

1.1.2　LED 单灯闪烁 CAD 原理图设计

制作电路图的应用软件有很多，国内外的都有，下面使用的是国产嘉立创科技公司的软件。制作时首先要在计算机上安装软件，按照安装软件时的提示进行设置（若有问题可在网上请求嘉立创科技公司技术支持帮助）。

软件安装好后，双击桌面上的图标"▣"，出现如图 1-3 所示的工程设计总界面，界面上的"快捷开始"窗口列出了软件设计时的主要任务。若是新建工程，则单击"新建工程"，弹出窗口，在窗口中选择存储的盘符或桌面，例如 D 盘或桌面，在窗口中任意位置右击，在出现的下拉菜单中，建立新文件夹，命名为123，再打开123文件夹，命名为501，保存新工程。若已建立工程，接着原工程设计，就单击"打开工程"。出现如图1-4所示的工程设计界面，在左边的工程管理窗口中的树形图里，双击"Sch"和"PCB"分别打开原理图设计界面和印制电路板（PCB）制作，并且通过页标签进行切换。PCB的制作在扩展知识中讲解，也有专业书籍讲解，有兴趣的同学可自学。

图1-3　工程设计总界面

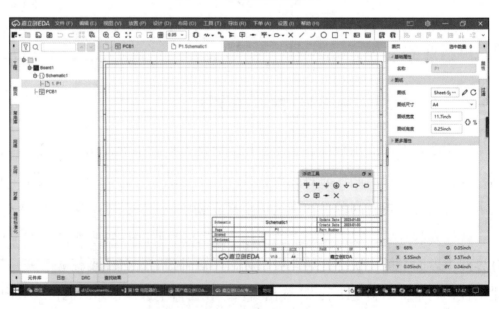

图1-4　工程设计界面

注意： 界面左右和下面会出现或这样的收放开关，单击这个开关，窗口可打开，也可收取；另外单击换页标签后可切换标签页。

原理图设计是根据应用功能的需要，选择购买器件，将器件用导线连接成控制电路，组成一个实用的产品，根据这些电路用专用电气符号在计算机中制作出图纸，便于生产、维修和存档。图纸可以人工制作，也可以用计算机制作，现在全部用计算机制作。图纸制作过程是：先在专用软件中画出原理图，再用打印机打印出图纸。下面一起来制作原理图。

1. 放置元器件

在图 1-4 所示界面中的左边竖立工具页标签中找到"常用库"页标签，单击"常用库"页标签后，所有常用元器件出现在左边的窗口中，在窗口中选中电阻 R（名字可改），双击后该元件处于浮动状态，移动鼠标时，该元件也跟着移动，在双线红框（图纸）中的点格上找到合适的放置点，单击，放下元件。按 Esc 键退出放置状态，可进行下一个元器件的放置，分别可放置 ATmega328P-PN、LED1、R1、+5V 电源、GND 各器件。

放置 ATmega328P-PN 时要使用搜索方法，步骤是：在主界面中选择主菜单的"放置"菜单，出现下拉菜单，在下拉菜单中选择"器件"，弹出器件界面；在界面的搜索栏中输入"ATmega328P-PN"，在器件选择窗口中选择符合要求的器件，然后单击"放置"，将器件放入图 1-4 所示的主窗口中。

2. 放置导线

放置器件后再进行导线连接，在图 1-4 的主菜单栏中找到"放置"菜单，单击后，出现下拉菜单，在下拉菜单中选择"导线"，此时鼠标位置出现一个十字线，随着鼠标移动，选定导线起点，单击，鼠标此时还是十字线，再将鼠标移动到终点，单击，一条导线放置完成。按 Esc 键退出放置状态，可进行下一条导线放置。

3. 保存文件

单击"文件"菜单，在文件下拉菜单中选择"另存为"，再在下拉菜单中选择"工程另存为"，弹出文件保存窗口后，在窗口中选择存储的盘符或桌面，例如 D 盘或桌面，在窗口中右击，出现下拉菜单，在下拉菜单中，建立新文件夹，命名为 123，再打开 123 文件夹，命名为 501，保存即可。

注意：若在打开时已建立新工程，直接保存就行，就不需要"另存为"这一步。

经过以上绘制后，一个简单原理图设计完成，如图 1-5 所示。该电路的功能是：在一个 5V 的电源两端分别接入一个电位器和一个发光二极管（注意二极管不要接反方向），接好后调节电位器旋钮，二极管亮度会发生变化。

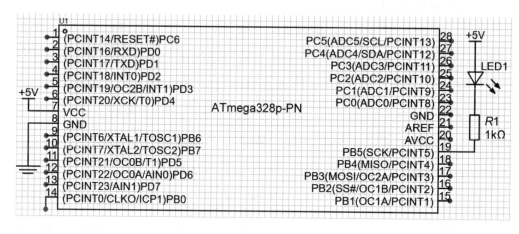

图 1-5　二极管发光电路图

1.1.3　硬件组装调试

设计好原理图后，一般要同时设计好印制电路板（PCB），做 PCB 需要专门的厂家，价格较高，一般用多功能面包板代替，如图 1-6 所示，买好器件后，就可在面包板上连接电路。

1. 所需电子元器件

（1）1 个 DFRduino UNO（以及配套 USB 数据线）。

（2）1 个 Prototype Shield 原型扩展板和 1 个面包板，如图 1-7 所示。

（3）电子元器件：一只 LED 灯，若干根彩色面包板上的连接线，一个 220Ω 电阻，器件规格和外形如表 1-2 所示。

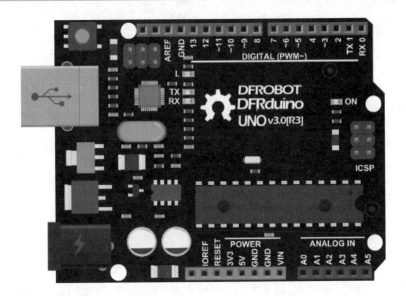

图 1-6 CPU 板

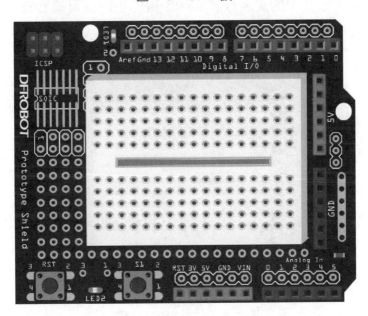

图 1-7 原型扩展板和面包板

表 1-2 器件规格和外形

器 件 规 格	外 形
① 若干彩色连接线	
② 1 只 5mm LED 灯	
③ 1 个 220 Ω 电阻	

2．硬件连接

硬件连接的方法有多种，常用的 2 种方法，一种是用面包板，图 1-6 的 CPU 板与图 1-7 的面包板之间设计有插针，将 2 块板通过插针连接在一起，成为双层板，上面的为面包板，可在面包板板上插电子元件；另一种是将分立器件用 PCB 集成到一起，做成小模块，外面只引出要连接的引脚。下面分别介绍。

1）面包板

首先，从套件中取出 Prototype Shield 扩展板和面包板，将面包板背面的双面胶撕下，粘贴到 Prototype Shield 扩展板上。再取出 UNO，把贴有面包板的 Prototype Shield 扩展板插到 UNO 上。取出所需元件，按照图 1-8 连接。连接时需要注意图片中的扩展板和实际手中的扩展版可能存在一定的版本差异，接线要对照所用接口下的标号，而非依靠接口的相对位置。

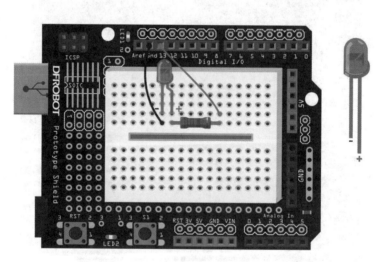

图 1-8　LED 闪烁实物图

用绿色与黑色的杜邦线连接元件（在 DFRobot 的产品中定义，绿色为数字端口，蓝色为模拟端口，红色为电源 VCC，黑色为 GND，白色可随意搭配），使用面包板上其他孔也没关系，只要元件和线的连接顺序与图 1-8 保持一致即可。确保 LED 连接正确，LED 长脚为＋（即 VCC），短脚为-（即 GND），完成连接后，给 Arduino UNO 接上 USB 数据线、供电，准备下载程序。

2）集成模块

集成模块实物如图 1-9 所示，下面是 CPU 板，上面是集成模块，它是将电阻和发光二极管用一块小的 PCB 集成在一起，可以做成单个发光二极管的小模块。本项目用的是双色发光二极管，有三个引脚，分别为引脚地（GND）、引脚 R（红色）、引脚 G（绿色），小模块上都有标注。LED 模块内部接线图如图 1-10 所示，共用一个 1kΩ 电阻，接在接地端，每次只亮一个二极管，分时使用。

图 1-9　LED 灯控制

本项目使用蓝色和橙色的 2 种线作为连接线，用橙色线一头接引脚 G，另一头插入主板上标注的"13"插孔，用单片机的 13 引脚控制。当 13 引脚为高电平时，二极管点亮。蓝色线接地（GND）。

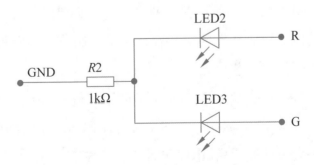

图 1-10　LED 模块内部接线图

3．硬件调试

制作好电路后，要对电路进行检查，检查方法有多种，一是用测试软件测试，这是必须进行的步骤，所有自动化设备都有开机自检程序，也就是开机自动测试系统；二是手动测试，这也是常用方法，在自动测试有问题时，要进行故障排除，一般用万用表依次对器件检查测试。在器件检查无误后再进行电路检查测试，一般方法是在关键点注入电压，有时用高电平，有时用低电平，具体要看电路的连接方法。若是灌电流，单片机系统测试一般用低电平，以免烧坏芯片。若LED一端接高电平，就用一根导线将发光二极管另一端直接接电源负极（地），若此时发光二极管亮，说明发光二极管没有问题。接着测试电阻的另一端，也就是如图1-10主板上的13引脚，若发光二极管亮，说明硬件没有问题。若是如图1-5所示电路，就用低电平注入法，即用一根导线一端接触13引脚，此时指示灯亮，说明电路正常。

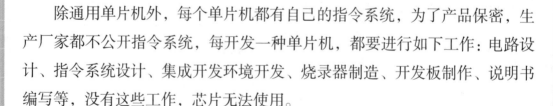

任务 1.2　LED 单灯闪烁编程控制

设计好电路图和用电子元器件制作好电路后，测试也没有问题，下一步就进行编程控制，在编程之前要对指令进行了解。

1.2.1　指令介绍

除通用单片机外，每个单片机都有自己的指令系统，为了产品保密，生产厂家都不公开指令系统，每开发一种单片机，都要进行如下工作：电路设计、指令系统设计、集成开发环境开发、烧录器制造、开发板制作、说明书编写等，没有这些工作，芯片无法使用。

电路设计和指令系统设计是同时进行的，设计一条指令，对应一种电路，对应一个代码。例如指令 MOV A，R0 的机器码为 11101000B，十六进制代码为 E8H。这一套设计完成后，电路设计图再交给芯片制造厂家制造成芯片，再由厂家将芯片制造成产品。为了保密和垄断技术，现在越来越多的厂家开发专用芯片，特别是军用芯片保密程度更高，几乎无法破解。

提到破解这也是一个技术领域，有人制造芯片，又有一批人破解和仿制芯片。像计算机病毒一样，有人制造病毒，有人杀病毒。任何事情都有正反两方面。

集成开发环境（Integrated Development Environment，IDE）是用于提供程序开发环境的应用程序，一般包括代码编辑器、编译器、调试器和图形用户界面等工具，集成了代码编写功能、分析功能、编译功能、调试功能等一体化的开发软件服务套。所有具备这一特性的软件或者软件套（组）都可以叫集成开发环境。

程序在集成开发环境中编写、调试成功后，最后自动将程序转换成十六进制代码，集成开发环境还有一个功能就是烧写功能，原来都是用专用烧录器将程序代码烧写到单片机中，现在不用专用的烧录器，用一根下载线就能烧录程序。

现在用 Mind+ 编写程序，Mind+ 用的是 Arduino 集成开发环境，下面具体介绍程序的编写方法。

1.2.2 单灯闪烁图形化编程

打开 Mind+，完成前一课所学的加载扩展 Arduino UNO 库，并用 USB 线将主板和计算机相连，然后在连接设备复选框中选择主板并连接，之后将左侧指令区拖曳到脚本区，输入样例程序。下面编写一个让发光二极管每隔 1s 交替亮灭一次的程序。

编程的思路是：先要了解人能够看到一个灯亮和灭这一现象的规律，之所以能看到灯亮和灭，是因为人眼有视觉暂留这一特点，设计时必须大于 0.4s，所以该程序设计延时 1s，也就是将标号为 13 的引脚输出高电平后等待 1s，再将 13 引脚输出低电平，再等待 1s 后再输出高电平，反复循环。

要写出这样的程序，先要知道 3 个指令：循环指令、使引脚输出高或低电平指令、等待指令，看看它们是如何工作的。本项目用到的指令如表 1-3 所示。

表 1-3 图形化指令

所属模块	指 令	功 能
Arduino	UNO主程序	主程序指令，程序开始执行的地方，指令放在主程序下面才能起作用
控制	循环执行	循环执行指令中的每条语句都逐次进行，直到最后，然后再从循环执行中的第一条语句再次开始，一直循环下去
Arduino	设置数字引脚 13 ▼ 输出为 高电平 ▼	设置对应引脚为高/低电平，相当于将引脚电压设置为相应的值，HIGH（高电平）为 5V（3.3V 控制板上为 3.3V），LOW（低电平）为 0V
控制	等待 1 秒	延时等待（输入 0.5 即延时 0.5s，最小单位为 1ms，即 0.001s）

这些指令在 Mind+ 软件开发系统中分成几大类基础功能积木，每种类型在其名称上方有一个彩色圆圈作为颜色识别标记，积木块颜色与之对应。比如控制类，就是黄色的圆圈，所有积木块都是同样的黄色。表 1-2 显示了控制类模块下的部分积木块。根据以上指令编出的程序如图 1-11 所示。

图 1-11 程序

输入完毕后，单击"给 Arduino"下载程序。

运行结果为：以上每一步都完成后，可以看到面包板上的红色 LED 灯每隔 1s 交替亮灭一次，这就是最终结果。

1.2.3　单灯闪烁程序调试

　　一般的集成开发环境具有调试功能，这一功能就是当程序运行后结果不对时，具体到本项目就是 LED 灯不闪烁、常亮或常暗，这就需要自己找出错误。错误还是分为硬件和软件两部分，硬件调试方法在任务 1 的硬件组装调试中进行了详细讲解，下面主要介绍程序调试方法。

　　程序调试方法，主要调试：①指令错误调试，程序写好后要进行编译，这一步检查语句是否正确，若不正确，会在编译程序窗口中列出每一条错误，编者要逐一修改，修改全对后，编译窗口出现"OK"的成功指令。图形化编程没有这一功能。②运行错误调试，这一步主要看程序运行后的结果是否正确，这一步集成开发环境无法指明程序哪一步出错，要靠编者自己逐条逐句分析指令编写是否正确，这一步最难。集成开发环境一般提供逐条运行方法、断点运行方法、标号运行方法等调试技法，编者要一步步调试，达到最终所要结果为止。③参数调整，对于本项目就是调试闪动快慢，若等待时间较长，闪动就慢；若等待时间较短，闪动就快；若等待时间太短，灯会常亮，同学们可自行调试，看看结果。④数字引脚设置，数字引脚全由后面的数字设定，硬件插在哪一个数字引脚，这里的数字要设定一致，若不一致，灯不会闪烁。

　　图形化编程不成功的几个现象如下。

　　（1）程序上传失败。

　　（2）程序存在逻辑错误或者使用了多个主程序模块。

　　（3）程序上传成功后，没有达到闪烁效果。

　　检查数字引脚接口或程序引脚设置是否错误。单片机有引脚号（芯片第几个引脚）和 I/O 端口第几个引脚的区别，本项目的 13 究竟指芯片哪个引脚？例如本项目的 13 若是 I/O 端口，引脚对应的是 17 引脚，13 若是引脚，对应的 I/O 端口为 14，详见表 1-1。

任务 1.3　黑白电视电影原理

以上实验可以演示出一个物理现象，当等待时间设置很小时，灯就看不出闪烁，一直亮着，当设置为 1s 时，又可以看到灯的闪烁现象，这是什么原因呢？ 1824 年，英国伦敦大学教授罗杰特思考了这一现象，并提出这是因为人的眼睛有视觉暂留特性。

眼睛的一个重要特性是视觉惰性，即光像一旦在视网膜上形成，在它消失后，视觉系统对这个光像的感觉仍会持续一段时间，这种生理现象叫作视觉暂留性。对于中等亮度的光刺激，视觉暂留时间为 0.1~0.4s。

人眼还有时间特性，主要表现为：①活动图像的帧率至少为 15f/s（f/s 是指画面每秒传输帧数）时，人眼才有图像连续的感觉；②活动图像的帧率在 25f/s 时，人眼才感受不到闪烁。

像素是构成数码影像的基本单元，通常以像素每英寸（pixels per inch， PPI）为单位来表示影像分辨率的大小。因此，像素指的是摄像头的分辨率，像素越大，意味着光敏元件越多，相应的成本就越大。

液晶面板由液晶像元组成，设计时将整个面板分为行和列，显示器或电视机标注的屏幕分辨率为 1366×768 像素，全高清的液晶电视分辨率为 1920×1080 像素，即该电视屏幕的像素点为 1920 行和 1080 列。液晶显示器专用语为行频和帧频。

显示器显示图像时，从第一行和第一列开始显示，逐行扫描或隔行扫描，扫描完一幅（帧）后，再从头显示第二幅图像，如此反复进行，监控视频的帧率为 15f/s，电影的帧率为 24f/s，电视的帧率为 25f/s，液晶显示器的帧率为 60f/s。

当 x 方向的电极从上到下按时间顺序逐行扫描，y 方向的电极按显示信号加上选与非选的信号，那么所有选通点都呈亮态，其余呈暗态。由于 x 方向电极的扫描速度很快，所以选通点将不断变化，由于时间间隔很小，利用视觉暂留，可以使观察者看到一幅完整的画面。逐行扫描的过程与阴极射线显像管的行扫描过程十分类似，当 x 方向的电极由上而下逐行扫描一次，完成一帧这样不断地扫描，同时给列电极加上选或非选的信号就实现了所有像素点的显示功能。如果在行电极完成的 n 帧扫描期间，列电极不断地重复每帧期间的选择信号波形，就可以在显示屏上获得一幅静态的画面。如果列电极的选择信号波形一帧与一帧不同，这样就形成了动态的画面。

电视是根据人的视觉暂留的生理特性而研发的。电视是以 24f/s 的速度播放的，所以会感觉到画面是连续的。液晶电视是通过 A/D 转换将模拟视频信号转换为数字信号，处理后再转换为模拟信号去控制液晶分子的扭角，而扭角的大小决定了通过液晶分子的光线强度，从而在液晶屏上显示图像。

视觉暂留现象首先被中国人运用，走马灯便是据历史记载中最早的视觉暂留运用。宋代时已有走马灯，当时称"马骑灯"。随后法国人保罗·罗盖在 1828 年发明了留影盘，它是一个被绳子在两面穿过的圆盘，盘的一个面画了一只鸟，另一个面画了一个空笼子，当圆盘旋转时，鸟在笼子里出现，这证明当眼睛看到一系列图像时，它一次保留一个图像。

杂技的变戏法也是利用了人眼的视觉暂留特性，杂技演员在视觉暂留时间 0.1~0.4s 内将此物换成彼物就完成了杂技表演，所以杂技演员所练技术就是怎样在视觉暂留时间内用变换之物取代原来之物，越快越好。

任务 1.4　总结及评价

自主评价式的展示。说一说制作单灯闪烁的全过程，请同学们介绍所用的每个电子元器件的功能，电子 CAD 使用方法和步骤，以及每条指令的作用和使用方法，展示自己制作的单灯闪烁作品。

1. 任务完成情况调查

小组集体相互检查任务完成情况，完成后可用表 0-1 进行自我评价。

2. 行为考核指标

行为考核指标，主要采用批评与自我批评、自育与互育相结合的方法。同时采用自我考核、小组考核和班级评定方法。班级每周进行一次民主生活会，就自己的行为指标进行评议，教学时可用表0-2进行评价。

3. 集体讨论题

（1）在电子 CAD 中如何找到你需要的元器件？

（2）怎样打开一个标签页？全面了解软件功能。

4. 思考与练习

（1）在电子 CAD 中，将图形置于屏幕中央。

（2）怎样移动和翻动器件？

项目 2　多功能 LED 灯

在项目 1 中学习了如何通过程序控制 LED 灯的亮与灭。但 Arduino 还有个很强大的功能，即通过程序控制 LED 灯的明亮度。下面介绍一个呼吸灯，所谓呼吸灯就是让灯有一个由亮到暗，再到亮的逐渐变化的过程，感觉像是在均匀地呼吸。它还可以发送 SOS 信号，本项目在项目 1 的硬件基础上通过呼吸灯和 SOS 两个任务来学习编程控制技术。本项目不设计电路，使用项目 1 搭建的硬件。

任务 2.1　呼吸灯编程控制

如何实现呼吸灯，首先要了解电子元器件的功能，要想点亮 LED，需要在 LED 两端加 5V 电压，电流限制在 5~10mA，还要自动实现 LED 一端的电压时高时低，项目 1 的单灯闪烁电路，只是用单片机一个输出端口，外接一个 LED 灯，再用编程控制 LED 灯一亮一暗。实现单灯闪烁，控制时只是输出高电平（亮）和低电平（暗），但是 LED 能实现暂亮和暂暗的过程。其方法是：每个灯的控制引脚用 PWM 波控制，观察 Arduino 板，查看数字引脚，你会发现其中 6 个引脚（3、5、6、9、10、11）旁标有"~"，这些引脚可以输出 PWM 信号。使用项目 1 的硬件电路,任用 6 个引脚中的任何一个，在测试没有问题时，下一步就进行编程控制，在编程之前要对指令进行了解。

2.1.1　指令介绍

现在是用 Mind+ 编写程序，Mind+ 用的是 Arduino 集成开发环境，下面具体介绍程序的编写方法。要写出这样的程序，先要新增两个指令，即指定次数循环条件的循环指令和使引脚输出 PWM 波指令。本项目用到的指令如表 2-1 所示。PWM 波的相关知识，在任务 2.3 中讲解。

编程的思路是：通过单片机有输出 PWM 波的引脚，输出 PWM 波，调控脉冲宽度达到调制电压的目的。

表 2-1　图形化指令

所属模块	指令	功能
变量	重复执行直到	指定次数循环条件的循环指令：将指令中包含的程序自下而上循环执行，直到不满足循环条件，退出循环
Arduino	设置PWM引脚 3 ▾ 输出 200	设置 PWM 引脚输出值指令。通过 PWM 信号可以控制亮度（输出值的范围在 0~255）

使引脚输出 PWM 波指令是一条关键指令，解释如下。

analogWrite() 函数用于给 PWM 端口写入一个 0~255 的模拟值。特别注意的是，analogWrite() 函数只能写入具有 PWM 功能的数字引脚。

2.1.2　单灯闪烁图形化编程

连接主板和计算机，打开 Mind+，载入扩展库，输入程序如图 2-1 所示。本项目中将用到一个新的循环，指令学习和代码学习中会有详细的讲解。

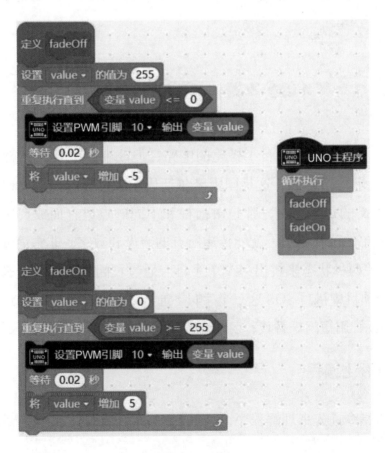

图 2-1　程序

代码下载完成后，可以看到 LED 灯出现逐渐由亮到灭的一个缓慢过程，而不是直接的亮灭，如同呼吸一般，均匀变化。

2.1.3 单灯闪烁程序调试

图形化编程不成功的几个现象如下。

（1）程序上传失败。

（2）程序存在逻辑错误或者使用了多个主程序模块。

（3）程序上传成功后，没有达到闪烁效果。

检查数字引脚接口或程序引脚设置是否错误。单片机有引脚号（芯片第几个引脚）和 I/O 端口第几个引脚的区别，本项目的 13 究竟指哪个引脚？例如本项目的 13 若是 I/O 端口，引脚对应的是 17 引脚，13 若是引脚，对应的 I/O 端口为 14。

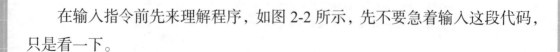

任务 2.2　SOS 报警信号

本项目将继续使用项目 1 搭建的电路，但改变一下代码，就能让 LED 灯变为 SOS 求救信号了，这是国际摩尔斯码求救信号。摩尔斯码是一种字符编码，英文的每个字母，都是由横杠和不同的点组合而成。这样的好处是，使用简单的两种状态，就能传递所有的字母和数字，非常简便。可以通过 LED 开关两种状态来拼出一个个字母。通过长闪烁和短闪烁来表示横杠和点。这个项目中拼写 SOS 这三个字母。通过查阅摩尔斯码表知道，字母"S"用 3 个点表示，用短闪烁替代；字母"O"则用 3 个横杠表示，用长闪烁替代。

2.2.1 图形化编程

在输入指令前先来理解程序，如图 2-2 所示，先不要急着输入这段代码，只是看一下。

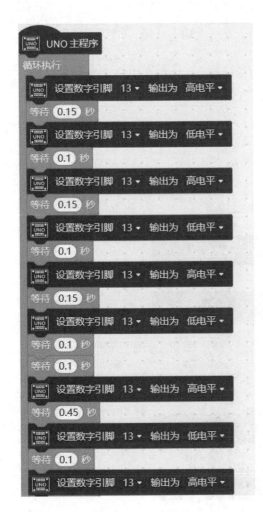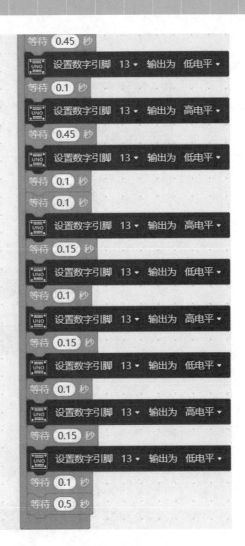

图 2-2　样例程序

这一编法正确无疑，然而是不是觉得有点烦琐呢？如果有 100 个，还需重复 100 遍。有没有更好的书写程序的方法呢？想必发明编程的人也考虑到了这个问题，下面使用一个新的模块来解决这个问题。

2.2.2　模块化编程

若利用可指定次数的循环指令就能够将程序大大缩短，将 3 次短闪烁的 6 行指令缩短到 2 条指令。可指定次数的循环指令如表 2-2 所示。

连接好主板和计算机，打开 Mind+，载入扩展的 Arduino UNO 库，输入如图 2-3 所示程序。

表2-2　循环指令

所属模块	指　　　令	功　　　能
● 控制	重复执行 10 次	可指定次数的循环指令：将指令中包含的程序自下而上循环执行指定次数

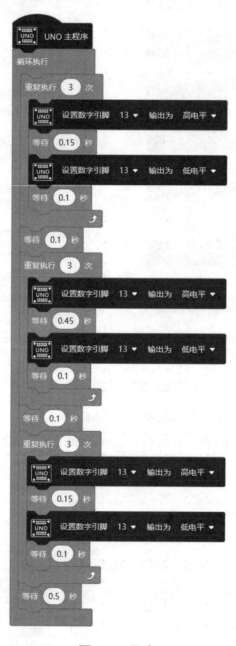

图2-3　程序

输入完毕后,确认正确无误,单击下载代码到 Arduino 中,将看到 LED 闪烁出摩尔斯码 SOS 信号,等待 0.5s,重复闪烁。给 Arduino 外接电池后,装到防水的盒子里,就可以用来发 SOS 信号了。SOS 通常用于航海或者登山。

任务 2.3 PWM 波介绍

脉冲宽度调制(Pulse Width Modulation,PWM)波形,也就是占空比可变的脉冲波形。PWM 是一种对模拟信号电平进行数字编码的方法,应用很广,如变频调速、调光台灯等,都用到此项技术,下面具体介绍这项技术。

PWM 是一项通过数字方法来获得模拟量的技术。通过数字控制来形成一个方波,方波信号只有开关两种状态(也就是数字引脚的高低电平)。通过控制开与关所持续时间的比值就能模拟一个 0~5V 变化的电压。当电路处于"开"(学术上称为高电平)状态时,所占用的时间就称为脉冲宽度,所以 PWM 也称为脉冲宽度调制。通过如图 2-4 所示的 5 个方波来更形象地了解一下 PWM。

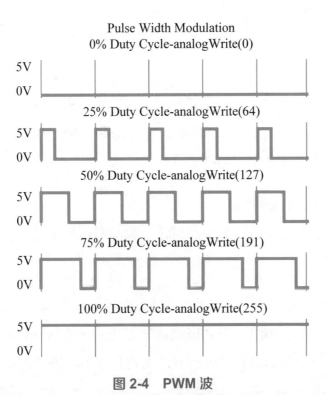

图 2-4 PWM 波

从图 2-4 可以看出，电压是从"0V"（低电平）到"5V"（高电平）的变化过程，中间经历了波形 25%（对应电压为 1.25V）、然后到波形 50%（对应电压为 2.5V）、再到波形 75%（对应电压为 3.75V），波形的高电平部分（脉冲宽度）慢慢变宽，一直到一条直线（5V），这就是电动车柔性启动（慢慢加速）的原理。图 2-4 演示的是周期（蓝线之间就是一个周期）不变的变速过程，若脉冲宽度也变、周期也变，这就是变频调速的原理。空调和电冰箱的变频调速就是用的这个原理。

图 2-4 中绿色竖线代表方波的一个周期。编程时每个 analogWrite（value）函数中写入的 value 都能对应一个百分比，这个百分比也称为占空比（Duty Cycle），指一个周期内高电平持续时间除以一个周期时间得到的百分比。图 2-4 中，从上往下，第一个方波，占空比为 0，对应的 value 为 0，LED 亮度最低，也就是灭的状态。高电平持续时间越长，也就越亮。所以，最后一个占空比为 100% 的对应的 value 是 255，LED 最亮。50% 就是最亮的一半了，25% 则相对更暗。PWM 就是这样调节 LED 灯的亮度。

 ## 任务 2.4　总结及评价

自主评价式的展示。说一说制作呼吸灯的全过程，请同学们介绍所用每个电子元器件的功能，电子 CAD 的使用方法和步骤，以及每条指令的作用和使用方法，展示自己制作的呼吸灯作品。

1. 任务完成大调查

任务完成后，还要进行总结和讨论，教学时可用表 0-1 进行自我评价。

2. 行为考核指标

行为考核指标，主要采用批评与自我批评、自育与互育相结合的方法。同时采用自我考核、小组考核和班级评定方法。班级每周进行一次民主生活会，就自己的行为指标进行评议，教学时可用表 0-2 进行评价。

3. **集体讨论题**

（1）电子 CAD 中如何修改元器件的标号和型号？

（2）怎样判断各元器件的好坏？

4. **思考与练习**

（1）在电子 CAD 中，将图形置于屏幕中央并放大到最佳状态。

（2）怎样移动和翻动器件标号？

项目3　RGB 三色 LED 灯

　　项目1介绍了单色 LED 灯，现在介绍一种新的 LED——RGB LED。之所以叫 RGB LED，是因为这个 LED 是由红（Red）、绿（Green）和蓝（Blue）三色组成。计算机的彩色显示器也是由这样的灯组成的。通过调整三个 LED 中每个灯的亮度就能产生不同的颜色。这个项目就是教你通过一个 RGB 小灯随机产生不同的颜色。该项目的主要知识点就是怎样对 CPU 的输出端口进行控制，实现 RGB 三色 LED 灯显示不同色彩，具体实现方法就是在三个引脚上施加不同电压值，相当于调色板上加数量不等的颜料，混合出不同色彩，下面具体介绍编程控制方法。

任务 3.1　三色灯硬件拼装

使 RGB 三色 LED 灯实现彩色的方法是：用单片机 3 个 PWM 波输出端口，分别接 R、G、B 引脚，编程控制 PWM 波的脉冲宽度，就可控制每个引脚的电压变化，最终通过眼睛合成各种彩色，该项目主要学习 PWM 波输出和编程调控 PWM 波。

3.1.1　RGB 三色 LED 灯介绍

RGB 三色 LED 灯是以三原色交集成像的 LED 灯，白光 LED 与 RGB 三色 LED 灯两者殊途同归，都能达到白光的效果，只不过一个是直接以白光呈现，另一个则是以 RGB 三色混光而成。另外，RGB 的混色可以随心所欲，可以形成各种各样的颜色。

RGB 三色 LED 灯是从颜色发光的原理设计的，实际上一个灯内有红、绿、蓝三盏灯，当它们的光相互叠加的时候，色彩相混，而亮度却等于三者亮度的总和，越混合亮度越高，即加法混合。

只要在红、绿、蓝三盏灯上加不同电压，各灯就会发出不同亮度的光，再叠加后就形成各种彩色光。红、绿、蓝三个颜色的灯，每种颜色的灯分为 256 阶亮度（通过 256 种 PWM 波形成的不同电压控制灯），在 0 时"灯"最弱（是关掉的），而在 255 时"灯"最亮。当每种颜色灯的电压都为 0 时，是最暗的，呈黑色调；当每种颜色灯的电压都为 255 时，是最亮的，呈白色调。

RGB 颜色称为加成色，因为通过眼睛将 R、G 和 B 叠加在一起（即所有光线反射回眼睛）形成各种彩色。加成色用于照明光、电视和计算机显示器。目前的显示器大都采用了 RGB 颜色标准，按照计算，256 级 RGB 色彩总共能组合出约 1678 万种色彩，即 $256 \times 256 \times 256 = 16777216$。通常也被简称为 1600 万色或千万色，也称为 24 位色（2 的 24 次方）。

在 LED 领域利用三合一点阵全彩技术，即在一个发光单元里由 RGB 三色晶片组成全彩像素。一组 RGB 就是一个最小的显示单位。屏幕上的任何一个颜色都可以由一组 RGB 值来记录和表达。将显示画面的最小发光单位，定义为像素点。一个 RGB 三色 LED 灯就是一个像素点。图 3-1 的左图为圆形二极管，右图为方形二极管。

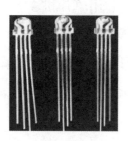

(a) 圆形二极管　　　　　　　(b) 方形二极管

图 3-1　RGB 发光二极管

RGB 三色 LED 灯有 4 个引脚：R、G、B 三个引脚，还有一个引脚是共用的正极（阳）或者共用的负极（阴）。本项目选用的是共阴 RGB，如图 3-2 所示，R、G、B 其实就是三个 LED 的正极，把它们的负极拉到一个公共引脚，公共引脚是负极，所以称为共阴 RGB。反之可以做成共阳 RGB。图 3-2（a）为共阴 RGB，图 3-2（b）为共阳 RGB。

(a) 共阴RGB　　　　　　　(b) 共阳RGB

图 3-2　RGB 三色 IED 示意图

共阳 RGB 与共阴 RGB 在外表上没有任何区别，然而在使用上是有区别的，具体如下。

（1）接线中的改变，共阳的共用端需要接 5V，而不是 GND，否则 LED

不能被点亮。使用上要注意区别，共阴 RGB 就是把公共极接到地，其他三个端则是正极。

（2）在颜色的调配上，共阳 RGB 与共阴 RGB 是完全相反的。例如，共阴 RGB 显示红色时，RGB 数值为 R-255，G-0，B-0。然而共阳 RGB 则完全相反，RGB 数值是 R-0，G-255，B-255。

3.1.2　三色灯 CAD 原理图设计

打开 CAD 软件，在工程设计界面中分别可放置 ATmega328P-PN 单片机、3 个发光二极管（LED1）、3 个电阻（R1、R2、R3）、+5V 电源、GND 各器件。器件放置完毕后，移动器件到合适位置，再放置导线，导线放置完毕后保存文件，原理图设计完成，设计后的原理图如图 3-3 所示。

器件合适位置的判定原则是：连线最短、以主器件为中心、弱电和强电分开。主器件一般是三极管和集成块。

经过以上绘制后，一个简单原理图设计完成，该电路的功能是：在一个5V 的电源两端分别接入 3 个电阻和 3 个发光二极管（注意二极管不要接反方向），3 个二极管合成一个三色灯，在程序控制下颜色会发生多彩变化。

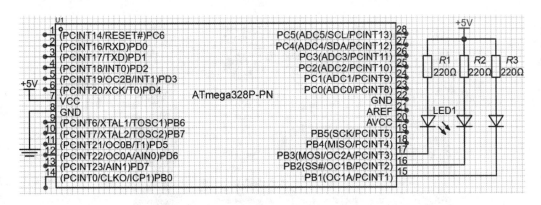

图 3-3　RGB 三色灯原理图

3.1.3　硬件组装调试

设计好原理图后，一般要同时设计好印制电路板（PCB），做 PCB 需要

专门的厂家，价格较高，一般用多功能面包板代替，如图 3-4 所示，买好器件后，就可在面包板上连接电路。

1. 所需电子元器件

除项目 1 中的 DFRduino UNO（以及配套 USB 数据线）、Prototype Shield 原型扩展板和面包板外，还需一只三色 LED 灯，若干根彩色面包板上的连接线，3 个 220Ω 电阻。电子元器件的规格和外形如表 3-1 所示。

表 3-1　电子元器件的规格和外形

器 件 规 格	外　形
① 若干彩色连接线	
② 1 只 5mm RGB LED 灯	
③ 3 个 220 Ω 电阻	

2. 硬件连接

首先，从套件中取出 Prototype Shield 扩展板和面包板，将面包板背面的双面胶撕下，粘贴到 Prototype Shield 扩展板上。再取出 UNO，把贴有面包板的 Prototype Shield 扩展板插到 UNO 上。取出所需元件，按照图 3-4 连接。

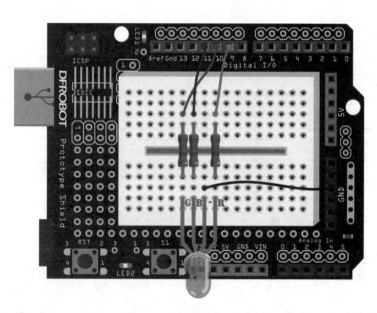

图 3-4　RGB LED 三色灯

在连接时需要注意图片中的扩展板和实际手中的扩展版可能存在一定的版本差异，接线要对照所用接口下的标号，而非依靠接口的相对位置。

　　用绿色与黑色的杜邦线连接元件（在 DFRobot 的产品中有如下定义，绿色为数字端口，蓝色为模拟端口，红色为电源 VCC，黑色为 GND，白色可随意搭配），使用面包板上其他孔也没关系，只要元件和线的连接顺序与图 3-4 保持一致即可。确保 LED 连接正确，LED 长脚为 +（即 VCC），短脚为 -（即 GND），完成连接后，给 Arduino UNO 接上 USB 数据线、供电，准备下载程序。

3. 硬件调试

　　制作好电路后，要对电路进行检查，下面进行手动测试。用一根导线分别将 9、10、11 端口直接对电源正极短接，此时若发光二极管亮，说明发光二极管接线正确。

任务 3.2　三色灯编程控制

　　设计好电路图和用电子元器件制作好电路后，测试也没有问题，下一步就进行编程控制。编程的思路是：先要了解三基色原理和人眼的第二个缺陷，即分辨本领有限，利用这两点才实现了彩色电器、彩色画和人工彩色，本项目要求在 R、G、B 三个发光二极管引脚上加 PWM 波（产生不同电压值），就能合成不同的颜色，反复循环。

　　要写出这样的程序，要增加新指令，分别是：读取随机数指令和约束值指令。本项目用到的指令如表 3-2 所示。还要定义一个新的函数，下面分别介绍。

3.2.1　指令介绍

　　下面进一步学习程序中用到的新指令，看它们是如何工作的。图形化新指令如表 3-2 所示。

表 3-2　本项目图形化新指令

所属模块	指　　　令	功　　　能
● 运算符	在 1 和 10 之间取随机数	读取随机数指令：用于获得指定范围内的整数数值
● 运算符	约束 0 介于(最小值) 0 和(最大值) 100 之间	约束值指令：将值、变量约束到指定范围内

3.2.2　三色灯闪烁图形化编程

打开 Mind+，完成项目 1 中所学的加载扩展 Arduino UNO 库，并用 USB 线将主板和计算机相连，然后再连接设备复选框中选择主板并连接。之后将左侧指令区拖曳到脚本区。在编写程序之前，先要设置几个参数，本项目中需要定义一个可以输入参数的函数，函数的创建步骤之前已经讲解。单击"新建函数"时,弹出如图 3-5 所示的对话框,单击框中的"添加输入项"即可命名输入参数的名称。新建函数后，编写程序，如图 3-6 所示。

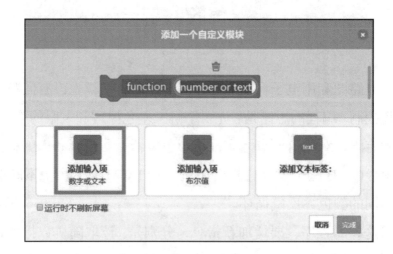

图 3-5　新建函数

图 3-6　编写程序

移动光标到"red"上，按住并拖曳"red"这一参数到约束参数括号中，能够像其他变量一样使用。并且它是一个局部变量，仅可在这个函数中调用，如图 3-7 所示。

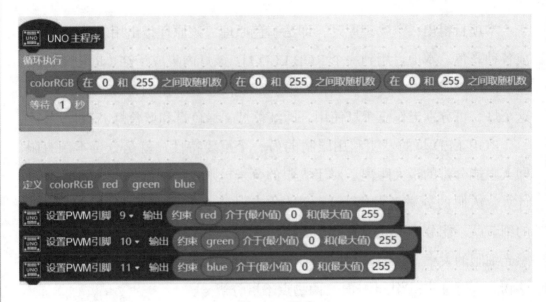

图 3-7　程序

输入完毕后，单击下载程序。

运行结果为：代码下载完成后，就可以看到 LED 颜色呈现随机的变化，不只是单一的一种颜色。

3.2.3　三色灯程序调试

图形化编程不成功的几个现象如下。

（1）程序上传失败。

（2）程序存在逻辑错误或者使用了多个主程序模块。

（3）程序上传成功后，没有达到闪烁效果。

检查数字引脚接口或程序引脚设置是否正确，本项目的 9、10、11 引脚是否设置好。

任务 3.3　彩色电视电影原理

　　本项目得出一个物理原理，即三基色原理，该原理指出用三基色可以合成各种彩色。本项目用到一个 RGB LED 灯，该灯内集成了红（R）、绿（G）、蓝（B）三个颜色的 LED 灯,外观上与 LED 没有多少差别,只是多了 2 条腿。这个灯，可分别当作三个灯使用，即红色灯、绿色灯和蓝色灯。

　　RGB LED 灯的发明利用眼睛的另一个重要特性，就是分辨本领有限，即人眼能分辨的最大距离。对于人眼的分辨极限也必须满足瑞利判据：根据计算，人眼的分辨极限角为 1′。当物体对人眼的视角小于 1′ 时，人对物体的细节就不能分辨，看起来就是一点，这时物体在视网膜上的像刚好是一个感光细胞的大小，如图 3-8 所示，当 $\varphi_1 > 1′$ 时，两物点可以分辨；当 $\varphi_2 = 1′$ 时，两物点刚可分辨；当 $\varphi_3 < 1′$ 时，两物点不可分辨。

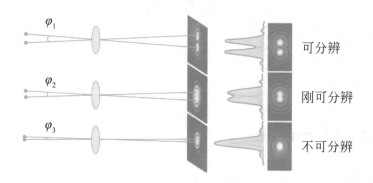

图 3-8　分辨极限角

　　人眼的明视距离为 25cm，视网膜至瞳孔的距离为 22mm 时，因此人眼可分辨明视距处的最小线距离为 0.1mm，在视网膜上可分辨像的最小距离为 5×10^{-3}mm。

　　32 寸显示器尺寸长和宽分别为 697.68mm 和 392.26mm。尺寸是指对角线的长度，显示器的屏幕尺寸是指对角线的长度，1 寸 =25.4mm，32 寸就是 812.8mm，现在的显示器屏幕长宽比基本都是 16∶9，因此 32 寸显示器的大小就是宽 698.1mm，高 392.7mm。32 寸液晶显示器的分辨率有两种，即

1920×1080（即 2073600 个像素点）与 1366×768（即 1049088 个像素点），建议使用 1920×1080 像素，像素越大，图像越清晰，意味着光敏元件越多，相应的成本就越大。

像素点是显示器显示画面的最小发光单位，由红、绿、蓝三个像素单元组成，它的大小和多少决定了电视的清晰度，知道了电视的大小和分辨率就可算出像素点的大小和总像素点个数，例如 32 寸液晶显示器的分辨率为 1920×1080 像素时，像素点的总数为 1920×1080=2073600 个，像素点大小为 697.68÷1920=0.36mm。像素点密度不够，放大后就会出现麻点，图像很不清晰。

液晶面板由液晶像元组成，设计时将整个面板分为行和列，显示器或电视机标注的屏幕分辨率为 1366×768 像素，全高清的液晶电视分辨率为 1920×1080 像素，也就是该电视屏幕的像素点为 1920 行和 1080 列。液晶显示器专用语为行频和帧频。

显示器显示图像时，从第一行和第一列开始显示，逐行扫描或隔行扫描，扫描完一幅（帧）后，再从头显示第二幅图像，如此反复进行，监控视频的帧率为 15f/s，电影的帧率为 24f/s，电视的帧率为 25f/s，液晶显示器的帧率为 60f/s。

当 x 方向的电极从上到下按时间顺序逐行扫描，y 方向的电极按显示信号加上选与非选的信号，那么所有选通点都呈亮态，其余呈暗态。由于 x 方向电极的扫描速度很快，所以选通点将不断变化，由于时间间隔很小，利用视觉暂留，可以使观察者看到一幅完整的画面。逐行扫描的过程与阴极射线显像管的行扫描过程十分类似，当 x 方向的电极由上而下逐行扫描一次，完成一帧这样不断地扫描，同时给列电极加上选或非选的信号就实现了所有像素点的显示功能。如果在行电极完成的 n 帧扫描期间，列电极不断地重复每帧期间的选择信号波形，就可以在显示屏上获得一幅静态的画面。如果列电极的选择信号波形一帧与一帧不同，这样就形成了动态的画面。

在彩色 LCD 面板中，每个像素都是由三个液晶单元格构成，其中每个单元格前面都分别有红色、绿色或蓝色的过滤器。这样，通过不同单元格的光线就可以在屏幕上显示不同的颜色。

电视是根据人的视觉暂留和分辨本领有限的生理特性而研发的。电视是以 24f/s 的速度播放的，所以会感觉到画面是连续的。电视的显示原理是非常笼统的提法，因为显像管电视、液晶电视、等离子电视的显示原理是各不相同的。要具体说明各种电视的显示原理是非常复杂的，以下是简单的概要。液晶电视的显示原理是：通过 A/D 转换将模拟视频信号转换为数字信号，处理后再转换为模拟信号去控制液晶分子的扭角，而扭角的大小决定了通过液晶分子的光线强度，从而在液晶屏上显示图像。

任务 3.4　总结及评价

自主评价式的展示。说一说制作三色灯的全过程，请同学们介绍所用每个电子元器件的功能，电子 CAD 的使用方法和步骤，每条指令的作用和使用方法，展示自己制作的 RGB 三色灯作品。

1. 任务完成大调查

任务完成后，还要进行总结和讨论，教学时可用表 0-1 进行自我评价。

2. 行为考核指标

行为考核指标，主要采用批评与自我批评、自育与互育相结合的方法。同时采用自我考核、小组考核和班级评定方法。班级每周进行一次民主生活会，就自己的行为指标进行评议，教学时可用表 0-2 进行评价。

3. 集体讨论题

（1）在电子 CAD 中如何找到 CPU 芯片？

（2）液晶电视是如何显示图像的？

4. 思考与练习

（1）在电子 CAD 中，将图形置于屏幕中央并放大到屏幕最大。

（2）怎样移动和翻动字符？

项目 4　LED 流水灯

　　LED 流水灯，首先要弄清题目意义，流水灯就是多个 LED 灯顺序点亮，反复循环。本项目设计 8 个指示灯，也可多个，可随意设计。项目意义就是控制多个 LED 顺序点亮，学习多个端口编程控制技术。控制多个 LED 指示灯是编程控制常用技术，也是学习编程控制的入门技术。该项目的主要知识点就是怎样对 CPU 的输入、输出端口进行编程控制。

任务 4.1　LED 流水灯硬件拼装

实现 LED 流水灯，只是在单个 LED 灯的基础上增加到 8 个 LED 灯，利用单片机的 8 个端口，每个端口接一个 LED 灯，本项目使用 5~12 八个端口，下面进行 8 个 LED 灯硬件设计。

4.1.1　流水灯 CAD 原理图设计

本项目使用 ATmega328P-PN 芯片，主板中标注的 5~12 对应芯片的 PD5~PD7、PB0~PB4 八个引脚。下面进行原理图设计。在主界面中分别可放置 ATmega328P-PN、8 个 LED1、+5V 电源、GND 各器件。器件放置完毕后，再放置导线，保存文件，命名为 504，设计后的原理图如图 4-1 所示。

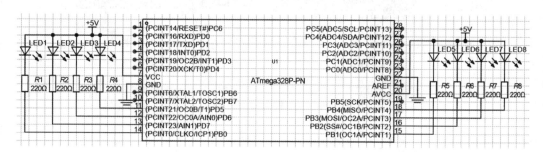

图 4-1　流水灯原理图

4.1.2　硬件组装调试

设计好原理图后，一般要同时设计好印制电路板（PCB），做 PCB 需要专门的厂家，价格较高，一般用多功能面包板代替，买好器件后，就可在面包板上连接电路。

1. 所需电子元器件

除项目 1 中的 DFRduino UNO（以及配套 USB 数据线）、Prototype Shield 原型扩展板和面包板外，还需 8 只 LED 灯，若干根彩色面包板上的连接线，

8 个 220Ω 电阻，电子元器件的规格和外形如表 4-1 所示。

表 4-1　电子元器件的规格和外形

器 件 规 格	外　形
① 若干彩色连接线	
② 8 只 5mm LED 灯	
③ 8 个 220 欧电阻	

2. 硬件连接

在项目 1 的硬件基础上，再加 7 只 LED 和 7 个电阻，用线连接好。数据端口线从标号 5~12 一共 8 个端口（注意：绿色为数字端口，蓝色为模拟端口，红色为电源 VCC，黑色为 GND，白色可随意搭配），使用面包板上其他孔也没关系，只要元件和线的连接顺序与原理图保持一致即可。确保 LED 连接正确，LED 长脚为 +（即 VCC），短脚为 -（即 GND），完成连接后，给 Arduino UNO 接上 USB 数据线、供电，准备下载程序。

3. 硬件调试

制作好电路后，要对电路进行检查，一般用电压注入法，用一根导线将标号 5~12 一共 8 个端口直接接电源负极（地），若此时发光二极管亮，说明硬件没有问题。

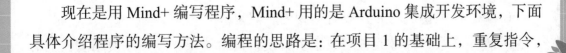

任务 4.2　LED 流水灯编程控制

设计好电路图和用电子元器件制作好电路后，测试也没有问题，下一步就进行编程控制，在编程之前要对指令进行了解。

4.2.1　指令介绍

现在是用 Mind+ 编写程序，Mind+ 用的是 Arduino 集成开发环境，下面具体介绍程序的编写方法。编程的思路是：在项目 1 的基础上，重复指令，改动输出数字引脚的数字就行，只要程序的数字和所插入主板上的数字标号一致就行，本程序使用主板上的标号 5~12 的端口，程序编写时也要与此一致。

4.2.2 流水灯图形化编程

打开 Mind+，完成前一课所学的加载扩展 Arduino UNO 库，并用 USB 线将主板和计算机相连，然后在连接设备复选框中选择主板并连接。之后将左侧指令区拖曳到脚本区。输入样例程序如图 4-2 所示。

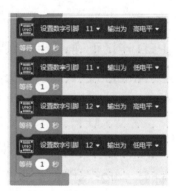

图 4-2　程序

输入完毕后，单击"给 Arduino"下载程序。

运行结果为：以上每一步都完成后，可以看到面包板上的红色 LED 每隔 1s 顺序点亮，反复循环。

4.2.3 流水灯程序调试

图形化编程不成功的几个现象如下。

（1）程序上传失败。

（2）程序存在逻辑错误或者使用了多个主程序模块。

（3）程序上传成功后，没有达到闪烁效果。

检查主板数字标号或程序数字引脚设置是否错误。本程序使用主板上的标号 5~12 的端口，程序数字引脚后面的数字也要为 5~12。

 任务 4.3 PCB 制作

电路板可称为印刷线路板或印刷电路板，英文名称为 PCB（printed circuit board），还有 FPC 线路板（flexible printed circuit board）和软硬结合板（soft and hard combination plate）。FPC 线路板又称柔性线路板，柔性线路板是以聚酰亚胺或聚酯薄膜为基材制成的一种具有高度可靠性，绝佳的可挠性印刷电路板，具有配线密度高、重量轻、厚度薄、弯折性好的特点。FPC 与 PCB 的诞生与发展，催生了软硬结合板这一新产品。因此，软硬结合板，就是柔性线路板与印刷线路板，经过压合等工序，按相关工艺要求组合在一起，形成的具有 FPC 特性与 PCB 特性的线路板。PCB 板就是现在使用的主板没有焊接器件时的样子，大家可以细心观察。

4.3.1 分类

按层数分，线路板可分为单面板、双面板和多层线路板三大类。常用的板材为覆铜板，单面板是单面覆铜，双面板是双面覆铜。

首先是单面板，在最基本的 PCB 上，零件集中在其中一面，导线则集中在另一面。因为导线只出现在其中一面，所以就称为单面线路板。单面板制作简单，造价低，但缺点是无法应用于太复杂的产品上。

双面板是单面板的延伸，当单层布线不能满足电子产品的需要时，就要使用双面板。双面都有覆铜和走线，并且可以通过导通两层之间的线路，从而形成所需要的网络连接。

多层板是指具有三层以上的导电图形层与其间的绝缘材料以相隔层压合而成，且其间导电图形按要求互连的印制板。多层线路板是电子信息技术向高速度、多功能、大容量、小体积、薄型化、轻量化方向发展的产物。

按特性分，线路板可分为软板（FPC）、硬板（PCB）和软硬结合板（FPCB）。

4.3.2 PCB 制作流程

PCB 几乎应用于所有电子产品，小到手表耳机，大到军工航天等，都离不开 PCB 的应用，一块合格的 PCB 要经历板图设计，再交专门制作 PCB 的厂家制作。

PCB 板图设计还是在电子 CAD 中进行，本书用的是国产嘉立创软件，设计是一门专业的技能，有兴趣的同学可以自学。下面介绍 PCB 的制作工艺及制作流程。

覆铜板可自己制作。自己制作时，一般用单面覆铜板，将连接导线用油漆画出，现在也用不干膜贴满后再切割成导线，画好的覆铜板放入三氯化铁水溶液中，经过一段时间后，没有油漆或膜的地方的铜全部腐蚀掉了，再将油漆或膜去掉，板上就有没有腐蚀掉的铜线，一块电路板就制作好了。单面板的多条交叉线有时不好处理，一般使用跨接线来解决。

工厂 PCB 制作流程大致可以分为以下十四步，每一道工序都需要进行多种工艺加工制作，需要注意的是，不同结构的板子其工艺流程也不一样，以下流程为双层 PCB 的完整制作工艺流程。

第一步，内层：主要是为了制作 PCB 的内层线路，制作流程如下。

（1）裁板：将 PCB 基板裁剪成生产尺寸。

（2）前处理：清洁 PCB 基板表面，去除表面污染物。

（3）压膜：将干膜贴在 PCB 基板表层，为后续的图像转移做准备。

（4）曝光：使用曝光设备利用紫外光对覆膜基板进行曝光，从而将基板的图像转移至干膜上。

（5）DE：将进行曝光后的基板经过显影、蚀刻、去膜，进而完成内层板的制作。

第二步，内检：主要是为了检测及维修板子线路。

（1）AOI：AOI 光学扫描，可以将 PCB 的图像与已经录入的良品板的数据做对比，以便发现板子图像上面的缺口、凹陷等不良现象。

（2）VRS：经过 AOI 检测出的不良图像资料传至 VRS，由相关人员进行检修。

（3）补线：将金线焊在缺口或凹陷上，以防止电性不良。

第三步，压合：是将多个内层板压合成一张板子。

（1）棕化：可以增加板子和树脂之间的附着力，以及增加铜面的润湿性。

（2）铆合：将 PP 裁成小张及正常尺寸，使内层板与对应的 PP 牟合。

（3）叠合压合、打靶、锣边、磨边。

第四步，钻孔：按照客户要求利用钻孔机将板子钻出直径不同、大小不一的孔洞，使板子之间通孔以便后续加工插件，也可以帮助板子散热。

第五步，一次铜：为外层板已经钻好的孔镀铜，使板子各层线路导通。

（1）去毛刺线：去除板子孔边的毛刺，防止出现镀铜不良。

（2）除胶线：去除孔里面的胶渣，以便在微蚀时增加附着力。

（3）一铜（PTH）：孔内镀铜使板子各层线路导通，同时增加铜厚。

第六步，外层：外层同第一步内层流程大致相同，其目的是方便后续工艺做出线路。

（1）前处理：通过酸洗、磨刷及烘干清洁板子表面以增加干膜附着力。

（2）压膜：将干膜贴在 PCB 基板表层，为后续的图像转移做准备。

（3）曝光：进行 UV 光照射，使板子上的干膜形成聚合和未聚合的状态。

（4）显影：将在曝光过程中没有聚合的干膜溶解，留下间距。

第七步，二次铜与蚀刻：二次镀铜，进行蚀刻。

（1）二铜：电镀图形，为孔内没有覆盖干膜的地方镀上化学铜；同时进一步增加导电性能和铜厚，然后经过镀锡以保护蚀刻时线路、孔洞的完整性。

（2）SES：通过去膜、蚀刻、剥锡等工艺处理将外层干膜（湿膜）附着区的底铜蚀刻，外层线路至此制作完成。

第八步，阻焊：可以保护板子，防止出现氧化等现象。

（1）前处理：进行酸洗、超声波水洗等工艺清除板子氧化物，增加铜面的粗糙度。

（2）印刷：将 PCB 不需要焊接的地方覆盖阻焊油墨，起到保护、绝缘的作用。

（3）预烘烤：烘干阻焊油墨内的溶剂，同时使油墨硬化以便曝光。

（4）曝光：通过 UV 光照射固化阻焊油墨，再通过光敏聚合作用形成高分子聚合物。

（5）显影：去除未聚合油墨内的碳酸钠溶液。

（6）后烘烤：使油墨完全硬化。

第九步，文字：印刷文字。

（1）酸洗：清洁板子表面，去除表面氧化以加强印刷油墨的附着力。

（2）文字：印刷文字，方便进行后续焊接工艺。

第十步，表面处理OSP：将裸铜板待焊接的一面经涂布处理，形成一层有机皮膜，以防止生锈氧化。

第十一步，成型：锣出客户所需要的板子外形，方便客户进行SMT贴片与组装。

第十二步，飞针测试：测试板子电路，避免短路板子流出。

第十三步，FQC：最终检测，完成所有工序后进行抽样全检。

第十四步，包装、出库：将做好的PCB真空包装，进行打包发货，完成交付。

任务4.4 总结及评价

自主评价式的展示。说一说制作LED流水灯的全过程，请同学们介绍所用每个电子元器件的功能，电子CAD的使用方法和步骤，每条指令的作用和使用方法，展示自己制作的LED流水灯作品。

1. 任务完成大调查

任务完成后，还要进行总结和讨论，教学时可用表0-1进行自我评价。

2. 行为考核指标

行为考核指标，主要采用批评与自我批评、自育与互育相结合的方法。同时采用自我考核、小组考核和班级评定方法。班级每周进行一次民主生活会，就自己的行为指标进行评议，教学时可用表0-2进行评价。

③.集体讨论题

（1）若输出端口低电平有效（亮），电路如何修改？（提示：最好加一个反相器或三极管驱动。）

（2）若输出端口低电平有效（亮），程序如何修改？

④.思考与练习

（1）在电子 CAD 中完成上面讨论题中的电路修改。

（2）自己设计一种花样并编写程序，然后调试成功。

讨论题程序参考：该程序使用主板 0~7 标号。

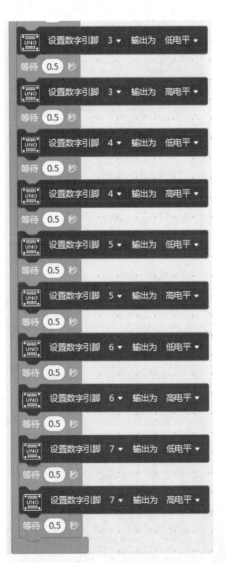

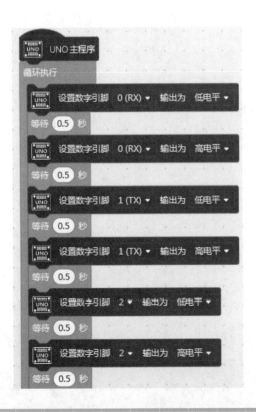

项目 5　键控 LED 灯

　　该项目的主要知识点就是怎样对 CPU 的输入、输出端口进行控制，通过一个按键控制指示灯亮与灭，掌握通过输入控制输出的方法。

任务 5.1　键控 LED 灯硬件拼装

本项目在项目 1 的硬件基础上增加一个按键，和 LED 灯一样要增加电阻，限制电流。加电阻时有两种加法，一是上拉电阻，二是下拉电阻。

5.1.1　上拉电阻及下拉电阻

在电子元器件中，并不存在上拉电阻和下拉电阻这两种实体的电阻，这是根据电阻不同的使用场景定义的，其本质还是电阻。就像去耦电容一样，也是根据其应用场合取名的，其本质还是电容。

在某信号线上，通过电阻与一个固定的高电平 VCC 相接，使其电压在空闲状态保持在 VCC 电平，此时的电阻称为上拉电阻，如图 5-1 所示。

同理，将某信号线通过电阻接在固定的低电平 GND 上，使其空闲状态保持 GND 电平，此时的电阻称为下拉电阻，如图 5-2 所示。

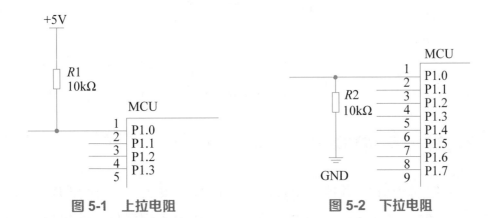

图 5-1　上拉电阻　　　　　　　图 5-2　下拉电阻

如图 5-1 和图 5-2 所示，R1 为上拉电阻，R2 为下拉电阻。如果 R1 的阻值在上百 kΩ，能提供给信号线上负载电流非常小，对负载电容充电比较慢，此时电阻被称为弱上拉。

同理，当下拉电阻非常大时，导致下拉的速度比较缓慢，此时的电阻被称为弱下拉。而当上拉和下拉的电平可以提供较大的电流给芯片时，此时的电阻被称为强上拉或强下拉。

按键电路的工作原理是当按键未被按下和按下时信号电平取反，MCU通过检测到该引脚的信号电平被取反，判断按键是否被按下。

当按键未被按下时，MCU 的 I/O 端口检测到高电平；当按键被按下时，I/O 端口检测到低电平。上拉电阻是为了保证按键未被按下时，信号处于一个固定的高电平。

需要消抖的按键通常所用开关为机械弹性开关，当机械触点断开及闭合时，由于机械触点的弹性作用，一个按键开关在闭合时不会马上稳定地接通，在断开时也不会马上断开。因而在闭合及断开的瞬间均伴随一连串的抖动，为了不产生这种现象而采用的措施就是按键消抖。最简单的消抖方法就是并联一个 100nF 的陶瓷电容，进行滤波处理，其电路如图 5-3 所示。

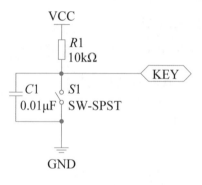

图 5-3　消抖电路

5.1.2　键控 LED 灯 CAD 原理图设计

在主界面中分别可放置 ATmega328P-PN、发光二极管 LED4、按键 AJ1、$R1$、$R2$、+5V 电源、GND 各器件。器件放置完毕后，放置导线，保存文件，命名为 505，设计后的原理图如图 5-4 所示。

5.1.3　硬件组装调试

设计好原理图后，一般要同时设计好印制电路板（PCB），做 PCB 需要专门的厂家，价格较高，一般用多功能面包板代替。买好器件后，就可在面

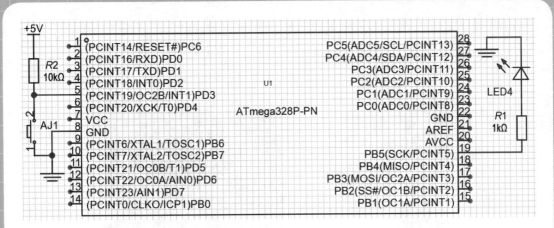

图 5-4　键控电路图

包板上连接电路。

① . 所需电子元器件

本项目需要一块 DFRduino UNO（以及配套 USB 数据线）和以下电子元器件：一只 LED 灯，若干根彩色面包板上的连接线；一个 220Ω 电阻和一个 10kΩ 电阻；一个按键。电子元器件的规格和外形如表 5-1 所示。

表 5-1　电子元器件的规格和外形

器 件 规 格	外 形
① 若干彩色连接线	
② 1 只 5mm LED 灯	
③ 1 个 1kΩ 电阻和 1 个 10kΩ 的电阻	
④ 按键	

② . 硬件连接

本项目使用小模块，该模块是将分立元器件用 PCB 集成到一起，做成小模块，外面只引出要连接的引脚。下面分别介绍。

集成小模块如图 5-5 所示，右面是 CPU 板，左面是两块小集成模块，左下的模块是指示灯小模块，在项目 1 中作了介绍，本项目只用一个指示灯，接主板上标注 10 号的插孔。左上的模块是按键模块，原理图如图 5-4 所示，三根引线分别是红线（接 5V）、黑线（接地）、绿线（信号线），接主板上标注 3 号的插孔。

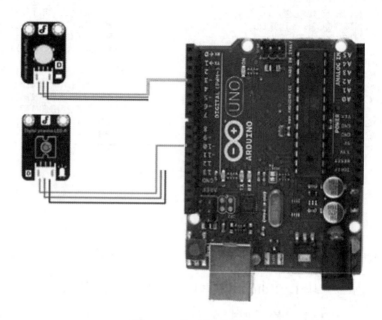

图 5-5　集成小模块

3. 硬件调试

制作好电路后，要对电路进行检查，检查时用电压方法，一般方法是在关键点注入电压，有时用高电平，有时用低电平。本项目就用一根导线将 10 号插孔直接接高电平（5V），若此时 LED 亮，说明电路没有问题。按键测试要用万用表或一个 LED，将万用表或 LED 的正极接 3 号插孔，另一端接地（电源负极），若万用表测量值为 5V 或 LED 亮，按下按键后万用表读数为 0 或 LED 灭，说明电路正常。

注意： 有时线会接反或接错，出现异常时重新接线试试。

 ## 任务 5.2　键控 LED 灯编程控制

设计好电路图和用电子元器件制作好电路后，测试也没有问题，下一步就进行编程控制，在编程之前要对指令进行了解。

5.2.1　编程思路

编程的思路是：先读取输入端的数值（0 或 1），再通过 CPU 判断是"0"还是"1"。若为"1"，CPU 发出指令使灯灭；若为"0"，CPU 发出指令使灯亮。实现该功能的编程思路如图 5-6 所示。

图 5-6　编程思路

要写出这样的程序，先要知道 3 个新指令：读取数字引脚数值指令、条件判断指令、等于运算符。本项目新用到的指令如表 5-2 所示。

表 5-2　图形化指令

所属模块	指　　　令	功　　　能
控制	如果 ◆ 那么执行	程序满足判断条件才会执行
运算符	◯ = ◯	等于运算符
Arduino	UNO 读取数字引脚 3 ▼	读取数字引脚数值指令
	如果 UNO 读取数字引脚 3 ▼ = 1 那么执行	组合后的读取运算判断程序

5.2.2　单灯闪烁图形化编程

打开 Mind+，完成前一课所学的加载扩展 Arduino UNO 库，并用 USB

线将主板和计算机相连，然后在连接设备复选框中选择主板并连接。之后将左侧指令区拖曳到脚本区，输入程序。下面编写一个按下按钮时灯亮、松开按钮时灯灭的程序。

这些指令在 Mind+ 软件开发系统中分成几大类基础功能积木，每种类型在其名称上方均有一个彩色圆圈作为颜色识别标记，积木块颜色与之对应。比如运算类就是绿色的圆圈，所有积木块都是同样的绿色，表 5-2 显示了部分积木块。根据以上指令编出的程序如图 5-7 所示。

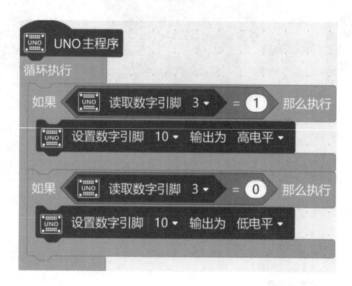

图 5-7　程序

输入完毕后，单击"给 Arduino"下载程序。

运行结果为：按下按钮时灯亮；松开按钮时灯灭。

5.2.3　单灯闪烁程序调试

图形化编程不成功的几个现象如下。

（1）程序上传失败。

（2）程序存在逻辑错误或者使用了多个主程序模块。

（3）程序上传成功后，没有达到效果。

检查数字引脚接口或程序引脚设置是否错误，以及运算符是否正确。

注意：有时线可能接反或接错，出现异常时重新接线试试。

任务 5.3　键　　盘

　　键盘是用于操作计算机设备运行的一种指令和数据输入装置，也指经过系统安排操作一台机器或设备的一组功能键（如打字机、计算机键盘）。键盘也是组成键盘乐器的一部分，也指使用键盘的乐器，如钢琴、数位钢琴或电子琴等。键盘有助于练习打字。

　　键盘是最常用、最主要的输入设备，通过键盘可以将英文字母、汉字、数字、标点符号等输入计算机中，从而向计算机发出命令、输入数据等。还有一些带有各种快捷键的键盘。随着时间的推移，市场上渐渐出现独立出售的具有各种快捷功能的产品，并带有专用的驱动和设定软件，在兼容机上也能实现个性化的操作。

5.3.1　键盘的构造

　　外壳，有的键盘采用塑料暗钩的技术固定在键盘面板和底座两部分，实现无金属螺丝化设计，所以分解时要小心以免损坏。

　　为了适应不同用户的需要，常规键盘有 CapsLock（字母大小写锁定）、NumLock（数字小键盘锁定）、ScrollLock（滚动锁定键）3 个指示灯（部分无线键盘已经省略这 3 个指示灯），标志键盘的当前状态。这些指示灯一般位于键盘的右上角。不过有一些键盘采用键帽内置指示灯，这种设计可以更容易地判断键盘当前状态，但工艺相对复杂，所以大部分普通键盘均未采用此项设计。

　　键盘通常可分为盘区、Num 数字辅助键盘区、F 键功能键盘区和控制键区，对于多功能键盘还增添了快捷键区。

　　键盘电路板是整个键盘的控制核心，它位于键盘的内部，主要担任按键扫描识别、编码和传输接口的工作。

　　键帽的反面可见都是键柱塞，直接关系到键盘的寿命，其摩擦系数直接关系到按键的手感。

一般键帽的印刷有 4 种技术，分别为油墨印刷技术、激光蚀刻技术、二次成型技术和热升华印刷技术。

5.3.2　键盘的分类

一般台式机键盘可以根据击键数、按键工作原理、键盘外形等分类。键盘的种类很多，一般可分为触点式、无触点式和激光式（激光键盘）三大类键盘。触点式键盘借助金属把两个触点接通或断开以输入信号，无触点式键盘借助霍尔效应开关（利用磁场变化）和电容开关（利用电流和电压变化）产生输入信号。常用键盘如图 5-8 所示。

图 5-8　常用键盘

1. 按编码的功能分

按编码的功能，键盘可以分为全编码键盘和非编码键盘两种。

全编码键盘由硬件完成键盘识别功能，它通过识别按键是否按下以及所按下键的位置，由全编码电路产生一个相对应的编码信息（如 ASCII 码）。非编码键盘由软件完成键盘识别功能，它利用简单的硬件和一套专用键盘编码程序来识别按键的位置，然后由 CPU 将位置码通过查表程序转换成相应的编码信息。非编码键盘的速度较低，但结构简单，并且通过软件能为某些键的重定义提供很大的方便。

2．按应用分

按应用分类，键盘可以分为台式机键盘、笔记本计算机键盘、手机键盘、工控机键盘、速录机键盘、双控键盘和超薄键盘七大类。

3．按码元性质分

按照码元性质分类，键盘可以分为字母键盘和数字键盘两大类。

4．按工作原理分

按工作原理分类，键盘可分为以下几类。

① 机械（Mechanical）键盘，采用类似金属接触式开关，其工作原理是使触点导通或断开，具有工艺简单、噪声大、易维护、打字时节奏感强、长期使用后手感不会改变等特点。

② 塑料薄膜式（Membrane）键盘，键盘内部共分四层，实现了无机械磨损。其特点是价格低、噪声低和成本低，但是长期使用后由于材质问题会使手感发生变化。该类键盘占领市场绝大部分份额。

③ 导电橡胶式（Conductive Rubber）键盘，触点的结构是通过导电橡胶相连。键盘内部有一层凸起带电的导电橡胶，每个按键都对应一个凸起，按下时把下面的触点接通。这种类型键盘是市场由机械键盘向薄膜键盘过渡的产品。

④ 无接点静电电容（Capacitives）键盘，使用类似电容式开关的原理，通过按键时改变电极间的距离引起电容容量改变，从而驱动编码器。其特点是无磨损且密封性较好。

键盘的按键数曾出现过 83 键、87 键、93 键、96 键、101 键、102 键、104 键、107 键等。104 键的键盘是在 101 键键盘的基础上为 Windows 9.XP 平台提供的，增加了 3 个快捷键（有 2 个是重复的），所以也被称为 Windows 9X 键盘。但在实际应用中习惯使用 Windows 键的用户并不多。107 键的键盘是为了贴合日语输入而单独增加了 3 个键的键盘。在某些需要大量输入单一数字的系统中，还有一种小型数字录入键盘，基本上就是将标准键盘的小键盘独立出来，以达到减小体积、降低成本的目的。

5. 按文字输入分

按文字输入同时击打按键的数量分类，键盘可分为单键输入键盘、双键输入键盘和多键输入键盘，大家常用的键盘属于单键输入键盘，速录机键盘属于多键输入键盘，最新出现的四节输入法键盘属于双键输入键盘。

基准键位于主键盘区，包括 A、S、D、F、J、K、L 和分号（；），共 8 个键。左手手指分别放在 A、S、D、F，右手手指放在 J、K、L、；。

数字键盘基准键的输入指法为：食指负责 7、4 和 1 键；中指负责 1、8、5 和 2 键；无名指负责 *、9、6、3 和 "."键；小拇指负责-、+ 和 Enter 键；大拇指负责 0 键。

6. 按常规分

常规的键盘有机械式按键和电容式按键两种。在工控机键盘中还有一种轻触薄膜按键的键盘。机械式键盘是最早被采用的结构，一般类似接触式开关的原理使触点导通或断开，具有工艺简单、维修方便、手感一般、噪声大、易磨损的特性，大部分廉价的机械式键盘采用铜片弹簧作为弹性材料，铜片易折、易失去弹性，使用时间一长故障率升高。电容式键盘是基于电容式开关的键盘，原理是通过按键改变电极间的距离产生电容量的变化，暂时形成振荡脉冲允许通过的条件。理论上这种开关是无触点非接触式的，磨损率极小甚至可以忽略不计，也没有接触不良的隐患，其噪声小，容易控制手感，可以制造出高质量的键盘，但工艺较复杂。还有一种用于工控机的键盘，为了完全密封采用轻触薄膜按键，只适用于特殊场合。

7. 按外形分

键盘的外形分为标准键盘和人体工程学键盘。

键盘的接口有 AT 接口、PS/2 接口和最新的 USB 接口，台式机多采用 PS/2 接口，大多数主板都提供 PS/2 键盘接口。而较老的主板常常提供 AT 接口，也被称为"大口"，目前已不常见。USB 作为新型的接口，一些公司迅速推出 USB 接口的键盘，USB 接口只是一个卖点，对性能的提高收效甚微，愿意尝试且 USB 端口尚不紧张的用户可以选择。

8. 人体工程学键盘

人体工程学键盘是在标准键盘上将指法规定的左手键区和右手键区这两大板块左右分开，并形成一定角度，使操作者不必有意识地夹紧双臂，保持一种比较自然的形态，采用这种设计形式的键盘被微软公司命名为自然键盘（Natural Keyboard），对于习惯盲打的用户可以有效地减少左右手键区的误击率，如字母"G"和"H"。有的人体工程学键盘还有意加大常用键如空格键和回车键的面积，在键盘的下部增加护手托板，给以前悬空的手腕以支持点，减轻由于手腕长期悬空导致的疲劳。这些都可以视为人性化的设计。

人体工程学又叫人类工学或人类工程学，是第二次世界大战后发展起来的一门新学科。它以人—机关系为研究的对象，以实测、统计、分析为基本的研究方法。具体到产品上，也就是在产品的设计和制造方面完全按照人体的生理解剖功能量身定做，更加有益于人体的身心健康。人体工程学键盘是把普通键盘分成两部分，并呈一定角度展开，以适应人手的角度，输入者不必弯曲手腕，同样可以有效地减轻腕部疲劳。

使用计算机和打字机都需要进行键盘操作，工作人员长时间从事键盘操作往往会产生手腕、手臂、肩背的疲劳，影响工作和休息。从人体工程学的角度看，要想提高作业效率及能持久地操作，操作者应能采用舒适、自然的作业姿势，工作人员因现有的键盘操作条件而采用不正常的姿势，是导致身体疲劳的主要原因。

因为在工作台上操作键盘，如果工作人员手腕放在台面上，由于键盘的键面高于工作台面，必然要让腕部上翘，时间一长会引起腕关节疼痛；而悬腕或悬肘的操作虽然较为灵活，但由于手部缺乏支撑，手臂或肩背的肌肉不得不保持紧张，故不能持久，也易疲劳。对这个问题，人体工程学现有的研究结论是"键盘白台面至中间一行键的高度应尽量降低"。键盘前沿厚度超过 50mm 就会引起腕部过分上翘，从而加重手部负荷。此厚度最好保持在30mm 左右，必要时可加掌垫，即通过减薄键盘本身的厚度和在键盘前增加手部的支撑件来解决。键盘可减薄的程度是有限的。

中间分离的键盘可以使使用者的手部及腕部较为放松，处于一种自然的状态。这样可以防止并有效减轻腕部肌肉的劳损。

9. 薄膜键盘

薄膜键盘由三层导电薄膜（上层与下层都有电路，中间则是绝缘层）组成，这就是键盘做触发动作的关键，不过在导电薄膜上还有其他种类，有的使用橡胶帽，有的使用机械模组，橡胶帽是一般市面上看得到的。

薄膜键盘以成本低、工艺简单和手感好等优势占绝大部分市场，日常生活中所使用的键盘基本都是薄膜键盘，薄膜键盘的结构非常简单，有可以直接接触的键盘上下盖、键帽，以及按键下方的硅胶帽、薄膜电路和电路板。

10. 夜光键盘

夜光键盘越来越受大家喜爱。市场上的夜光键盘大致分为两类，一类以LED发光二极管作为夜光，另一类以光电板作为夜光。

LED夜光键盘又分为单色LED夜光键盘与变色LED夜光键盘，LED键盘与光电板键盘相比，由于LED比较简单，所以它的价格通常比较低，但由于LED的亮度存在比较大的区别，所以它的夜光均匀度难以确保，再加上一个LED键盘是由很多个LED组成的，所以它的耗电也相对比较大。

光电板夜光键盘市场上比较少，主要由于它采用的是价格比较高的光电板，所以高端夜光键盘或军用夜光键盘均使用这类。其优点是亮度非常均匀、耗电极低、寿命长、质量稳定，而且光电板只有0.5mm左右，可以折叠，光电板的尺寸可以任意剪裁；缺点就是价格高，不能改变颜色。

5.3.3 未来思考

键盘是否有被淘汰的一天？在回答这个问题之前，先从键盘功能和键盘功能的替代进展做一个分析。

首先，键盘的基本功能是通过单手或双手的击键操作进行信息和指令输入，它是一种输入设备。大家可以肯定地说，键盘是一种方便、快捷、实用的手动输入设备，从这个意义上而言，键盘在计算机输入设备领域很难被淘汰。键盘是当前计算机中最主要的输入设备，随着技术进步，键盘在未来有可能失去计算机主要输入设备的地位。

从进展来看，出现了声控输入、手写输入和触摸或单击输入等非键盘输入方式，国外正在研发更先进的脑电波识别与输入技术。因此，给人一种符合发展规律的思维判断，即在将来的某一天，键盘这种输入设备会被更先进的输入设备淘汰，其实这种前景是值得商榷的。

键盘作为一种方便的手动输入设备被淘汰，除非人类决定废除人类赖以发展和生存的双手的灵活性，而让位于更聪明的大脑，这简直是不可思议的，键盘的存在只能使双手更灵活、大脑更发达。最有可能的是，在保留键盘的基础上，融合其他输入方式更好地为计算机服务。

是否会有更小型化的键盘取代现有键盘?

这个问题涉及键盘的发展方向，从发展逻辑而言是必然的。现有键盘的地位是因为现有键盘适应台式机的使用，台式机的普及和发展巩固了现有键盘的不二地位，但现有键盘不适应如火如荼发展中的笔记本计算机，未来学生和白领将是笔记本计算机的最大使用人群，便携性和通用性将是最终的决定因素，要实现键盘的便携性，现有的 QWERTY 键盘布局成为一个极大的障碍，要解决这一矛盾，键盘布局的改变成为必然，这也是出现多种新式布局的原因。

广泛应用的笔记本计算机键盘屈从于 QWERTY 布局的客观原因是为了与台式机键盘之间实现基本通用，但沿用 QWERTY 布局也为笔记本键盘带来很大的被动，尺寸难以降低，键的便携性是建立在使用不便的代价上的。反过来，如果采用新布局，将彻底失去通用性，使用不便性更加明显。如果必须改换新布局，通用性将是一道难以逾越的障碍。令人欣慰的是，这个两难问题已经基本解决。

新布局键盘取代现有键盘应遵循换代规律进行操作，初期必然是两种布局共处阶段，靠新键盘的优势吸引初期使用人员，逐步扩大影响面，带动有意改变使用习惯的人员使用新布局，这就要求新布局具有易学、易用特性。

在共处阶段有一点需要注意，不影响原来使用人员的使用是非常关键的，这就是平等选择。问题主要发生在台式机计算机键盘上。

 ## 任务 5.4 总结及评价

自主评价式的展示。说一说制作键控 LED 灯的全过程，请同学们介绍所用每个电子元器件的功能，电子 CAD 的使用方法和步骤，每条指令的作用和使用方法，展示自己制作的键控 LED 灯作品。

1. 任务完成大调查

任务完成后，还要进行总结和讨论，教学时可用表 0-1 进行自我评价。

2. 行为考核指标

行为考核指标，主要采用批评与自我批评、自育与互育相结合的方法。同时采用自我考核、小组考核和班级评定方法。班级每周进行一次民主生活会，就自己的行为指标进行评议，教学时可用表 0-2 进行评价。

3. 集体讨论题

（1）电子 CAD 怎样找到你需要的元器件？

（2）怎样判断各元器件的好坏？

4. 思考与练习

（1）在电子 CAD 中将图形置于屏幕中央。

（2）怎样移动和翻动器件？

项目 6 交通信号灯

　　交通信号灯就是用多个 LED 灯模拟十字路口红绿灯的状态。本项目设计 6 个指示灯。理论上应该设计 12 个指示灯（4 个路口，一个路口 3 个，共计 12 个），但是十字相对的 2 个路口的指示灯同时亮、灭，因此用 6 个端口控制就行。本项目的意义是控制多个 LED 按实际要求点亮，主要知识点就是怎样对 CPU 的输出端口进行控制。

任务 6.1　交通信号灯硬件拼装

本项目用 6 个 LED 灯实现交通信号灯模拟，用 ATmega328P-PN 单片机的 6 个输出端口接 6 个 LED 灯，再编程控制 6 个指示灯按要求亮或灭。

6.1.1　交通信号灯 CAD 原理图设计

打开 CAD 软件，在主界面中分别可放置 ATmega328P-PN、6 个 LED 灯、6 个 220Ω 电阻、+5V 电源和 GND 各器件。器件放置完毕后，放置导线，保存文件，命名为 506，设计后的原理图如图 6-1 所示。

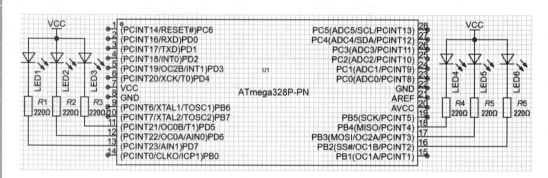

图 6-1　交通信号灯原理图

6.1.2　硬件组装调试

设计好原理图后，一般要同时设计好印制电路板（PCB），做 PCB 需要专门的厂家，价格较高，一般用多功能面包板代替，买好器件后，就可在面包板上连接电路。

① . 所需电子元器件

除项目 1 中的 DFRduino UNO（以及配套 USB 数据线）、Prototype Shield 原型扩展板和面包板外，还需 6 只 LED 灯，若干根彩色面包板上的连接线，6 个 220Ω 电阻。电子元器件的规格和外形如表 6-1 所示。

表 6-1　电子元器件的规格和外形

器 件 规 格	外　形
① 若干彩色连接线	
② 6 只 5mm LED 灯（2 个红灯、2 个黄灯、2 个绿灯）	
③ 6 个 220Ω 电阻	

2. 硬件连接

在项目 1 的基础上再接 5 个 LED 灯，共计 6 个 LED 灯（2 个红色灯、2 个绿色灯和 2 个黄色灯），可在图 6-2 的基础上修改。本项目以主板标号为 5、6、7 的端口为一组，标号为 10、11、12 的端口为一组。

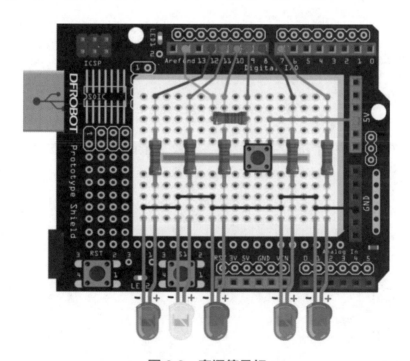

图 6-2　交通信号灯

用绿色与黑色的杜邦线连接元件（在 DFRobot 的产品中有如下定义，绿色为数字端口，蓝色为模拟端口，红色为电源 VCC，黑色为 GND，白色可随意搭配），使用面包板上其他孔也没关系，只要元件和线的连接顺序与

图 6-2 保持一致即可。确保 LED 连接正确，LED 长脚为 +（即 VCC），短脚为 -（即 GND），完成连接后，给 Arduino UNO 接上 USB 数据线、供电，准备下载程序。

3．硬件调试

制作好电路后，要对电路进行检查，检查时用电压方法，一般方法是在关键点注入电压，有时用高电平，有时用低电平，本项目就用一根导线分别将主板标号为 5、6、7、10、11、12 号的插孔直接接低电平（电源地），若此时 LED 亮，说明电路没有问题。

 ## 任务 6.2　交通信号灯编程控制

设计好电路图和用电子元器件制作好电路后，测试也没有问题，下一步就进行编程控制，在编程之前要对指令进行了解。

6.2.1　编程思路

本程序比前面几个项目要复杂得多，较复杂的程序在编写程序之前，一般要对程序做整体规划，先要写一个程序流程图，有时还要做出逻辑关系图，再开始编写程序。该项目的逻辑关系如表 6-2 所示，由表可见 6 个灯的工作时序，一个循环以后，进入反复循环，一直工作。

表 6-2　逻辑关系表

灯	时　段				
	30s	3s	30s	3s	30s
X 轴红灯	亮	灭	灭	灭	进入下一个循环
X 轴黄灯	灭	闪动三次	灭	闪动三次	
X 轴绿灯	灭	灭	亮	灭	
Y 轴红灯	灭	灭	亮	灭	
Y 轴黄灯	灭	闪动三次	灭	闪动三次	
Y 轴绿灯	亮	灭	灭	灭	

6.2.2　交通信号灯图形化编程

打开 Mind+，完成前一课所学的加载扩展 Arduino UNO 库，并用 USB
线将主板和计算机相连，然后在连接设备复选框中选择主板并连接。之后将
左侧指令区拖曳到脚本区。编写程序如图 6-3 所示。

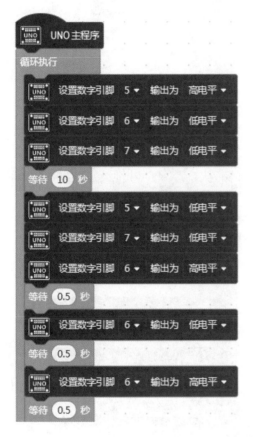
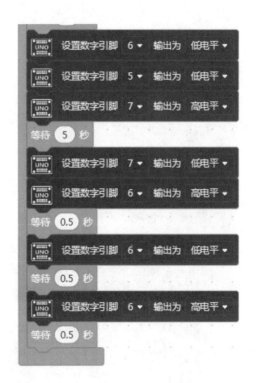

图 6-3　程序

输入完毕后，单击"给 Arduino"下载程序。运行结果为：按表 6-2 所
示的逻辑亮灯，但是程序只编了一个方向，希望大家将另一个方向的程序写
入，再运行程序。

从图 6-3 所示程序中可看到闪烁三次经常要用，这样就增加了编程的长
度，若定义闪烁函数，则编程变简单，定义函数步骤如下。

第一步：单击主界面左边的函数图标，出现函数定义模块，

出现如图 6-4 所示对话框。

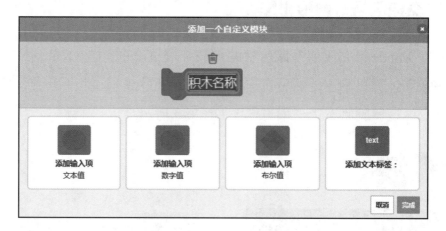

图 6-4　函数定义对话框

第二步：在"积木名称"文字输入框中，输入函数名字"闪烁"，单击"完成"按钮。在主界面中出现自定义函数积木块，可拖入主界面中编辑函数内容。程序中可调用此函数。使用自定义函数如图 6-5 所示。

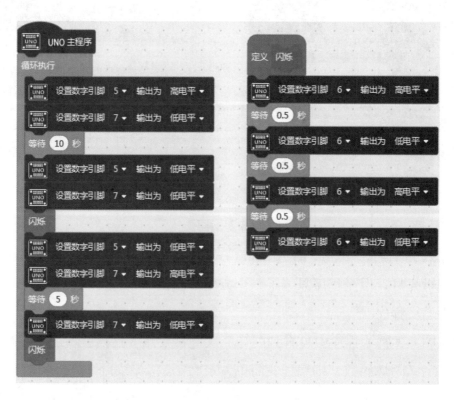

图 6-5　函数编程

6.2.3　交通信号灯程序调试

图形化编程不成功的几个现象如下。

（1）程序上传失败。

（2）程序存在逻辑错误或者使用了多个主程序模块。

（3）程序上传成功后，没有达到需要的效果。

检查主板上标注的引脚号和程序中数字引脚设置是否错误。本项目使用主板标号 5、6、7 为一个方向的红、黄、绿，10、11、12 为一个方向的红、黄、绿，顺序不能错，组别也不能错。

 ## 任务 6.3　交通信号灯的发展

交通信号灯是指挥交通运行的信号灯，一般由红灯、绿灯、黄灯组成，如图 6-6 所示。作为不出声的"交通警察"，它们在道路交通管理与控制方面发挥了极大的作用。然而，最初的信号灯只有红、绿两种颜色，下面进一步介绍交通信号灯的起源及发展历程。

图 6-6　交通信号灯实物

6.3.1　交通信号灯的起源

红绿灯的起源可追溯到 19 世纪初的英国。当时包括英国在内的部分欧洲国家已经普及了马车，但却并没有指导行人与马车通行的信号指示设备，因此无论是在山间小路，还是市中心的繁华大道上，马车轧人的事故经常出现，这不仅对行人的安全造成了危害，更会经常造成交通混乱、拥堵的现象。

当时在英国中部的约克城，女性的着装不是随心所欲的，红、绿两种颜色分别代表女性的不同身份。其中，着红装的女人表示已经结婚，而着绿装的女人则必须是未婚者。1866 年，当时英国铁路信号灯工程师 J. P. Knight 从女性红、绿两色的着装上受到启发，提出了设计带有红、绿两种颜色交通信号灯的想法，并很快付诸实施，交通信号灯由此逐渐产生。

1868 年 12 月 10 日，历史上第一盏交通信号灯出现在英国威斯敏斯特议会大楼前，这个交通信号灯高约 7m，在它的顶端悬挂着红、绿两色可旋转的煤气提灯，为了将红、绿两色的提灯进行切换，在这盏灯下必须要站立一名手持长杆的警察，通过皮带拉拽提灯进行颜色的转换，后来还在这盏信号灯的中间加装了红、绿两色的灯罩，前面有红、绿两块玻璃交替进行遮挡，白天不点亮煤气灯，仅以红、绿灯罩的切换引导人们前进或停止，夜晚则将煤气灯点燃，照亮红、绿两色灯罩。

除此之外，这位交警还需要根据当时的路况来决定变更信号灯的时机，并用吹哨子的方法来提醒行人及车辆信号灯即将变化。起初英国政府并不相信这一方法能够奏效，他们认为无论是行人还是车辆，都不会因为这个看上去有点像装饰品的信号灯就停下前进的脚步，然而信号灯所起到的作用却令他们大为吃惊，许多人会遵照信号灯的指示自觉地停止或通过，马车轧人的事故数量也明显下降。

然而好景不长，1869 年 1 月 2 日，仅诞生 23 天的第一盏交通信号灯突然爆炸损毁，并将当时负责进行红、绿颜色切换的警员炸死。鉴于这种情况，英国政府立即停止了这种信号灯的使用，但这个仅有 23 天生命的信号灯却点燃了整个欧洲乃至整个世界开发交通信号灯的激情，不久之后，各式各样的交通信号灯便如雨后春笋般出现了。

随着马车逐渐被汽车所取代，规范有效的交通信号灯成为人们迫切需要的东西。1914 年，美国的克利夫兰市率先恢复了红绿灯。而在"后煤气信号灯"

时代，有些欧洲国家开始在道路上设置执勤警察以及可翻转的标识，这些标识大多高 2m 左右，并有写着 "GO" 与 "STOP" 的指示标牌，由执勤的警察负责定时翻转，行人及车辆则按照标牌上的文字前进或停止。

6.3.2　交通信号灯的完善与发展

像其他发明创造都会经历漫长的、逐步完善的发展过程一样，交通信号灯也经过了不断完善和发展的过程。

1. 从手摇到电控

随着第二次工业革命的逐渐完成，单纯地依靠交通警察手摇式的交通信号灯在实际使用过程中暴露出许多不足，首先执勤的警察如果不能准确判断路况，很有可能会 "越管越乱"，其次这种简单的标牌指示并不能在夜间使用，极大地限制了它的应用范围。与此同时，随着第一辆内燃机汽车的诞生，马车也逐渐被速度更快、操作更加简便的汽车取代，此时使用规范、有效的交通信号灯便成为人们迫切需要解决的问题。

鉴于这种情况，不少国家摒弃了这种依靠标牌指示的 "土办法"，开始琢磨着开发电动交通信号灯。1912 年，美国盐湖城一名叫 Lester Wire 的警员发明了第一盏电动交通信号灯，这盏灯使用的依然是红、绿两种颜色，而这次选择颜色的依据并不是女子着装的差别，而是充分考虑了不同颜色光线的特质，以及人们对不同颜色的接收及反应情况。由于红色光的波长很长，穿透空气的能力很强，因此比其他颜色的信号更容易引起人们注意，而绿色与红色属于互补色，相互之间反差明显，便于行人及驾驶员识别。

1914 年 8 月 5 日，美国交通信号灯公司在 Lester Wire 发明的交通信号灯基础上进行了改进，并在顶部安装了一个蜂鸣器。该公司将它放置在了俄亥俄州克利夫兰市欧几里得大道东 105 街的路口，这盏交通信号灯由电力负责点亮，警员则需要在信号灯周围设置的岗亭内控制信号灯的切换，必要时还可以根据路口实际交通状况控制信号灯转换时间的长短，在信号灯进行切换之前，蜂鸣器会先行报警，提醒人们信号灯颜色即将变化，可见这种 "留有准备时间"的意识早在第一批电力信号灯出现的时候便已经产生。

2. 从电控到自控

20 世纪 20 年代初，美国许多地区都开始在此基础上对交通信号灯进行不同程度的升级。1917 年，美国盐湖城街道上首次出现了相互关联的交通信号系统，美国人在 6 条街道的路口设立了电动交通信号灯，并将它们互相连接，由一个岗亭内的警员统一控制颜色的转换。1922 年 3 月，美国得克萨斯州的休斯敦也普及了相互连通的交通信号灯，并在部分路口中央设置了四面三灯的交通信号系统。

此后几十年时间内，由于技术方面的限制，交通信号灯的切换一直沿用人工控制的方式，但随着 1947 年第一只晶体管诞生，1958 年第一块集成电路板诞生，人类在信息技术方面取得的突破与进步也为实现交通信号灯的完全自动化提供了条件。

1963 年，加拿大多伦多的街道上第一次出现可自动控制的信号灯，该信号灯由计算机芯片对交通信号进行控制，同时一个自动控制系统中包含多个路口的交通信号灯，所有信号灯的转换均由计算机进行控制，警员只需在指定地点进行统一监测，这极大地减轻了交通警察们的压力。

随后交通指示灯的发展脚步放缓，直到 20 世纪 70 年代，微软公司成立并在世界范围内迅速崛起，交通信号灯才有了统一的处理系统，此后交通信号灯大都使用微软公司提供的系统进行红、黄、绿之间的逻辑切换控制，彻底告别了人工控制的时代。

3. 黄灯的由来

交通信号灯在创立之初只有红、绿两种灯色，关于交通信号灯黄灯的由来，世界公认的有两个说法。

（1）相传在 1920 年，美国密歇根州底特律一位名叫 William Potts 的警官在当时交通信号灯的基础上再次进行了改进，研制出一种四面三灯的多功能交通信号灯，这种信号灯共分为四面，每面均竖立排列三盏灯，当时它的排列形式与功能已经与现在的信号灯大同小异，红灯与绿灯表示停止与通过，黄灯则表示"谨慎"。

（2）一位名叫胡汝鼎的中国人同样提出了类似想法，并将它付诸实施。当时的胡汝鼎正在美国麻省理工学院进行深造，并于1925年在爱迪生任董事长的通用电气公司与麻省理工学院合办的一个学习班内进行实践学习。1927年的一天，他在一条繁华街道的十字路口等待绿灯信号，当他看到绿灯亮起正要通过时，一辆汽车几乎擦着他的身体疾驰而过，受到惊吓的胡汝鼎开始思考如何才能解决红绿灯之间切换预警的问题。

经过一番深思熟虑，胡汝鼎巧妙地想到了在红、绿灯之间加入一个黄色的信号灯，并按照从上至下红、黄、绿的顺序进行排列，以提醒人们信号灯即将切换，不同行驶方向的行人或车辆做好相应准备。这个提议一经提出便得到了美国政府的肯定与支持，他们不仅在交通法规中添加了相关条款，还将红、黄、绿三色的交通信号灯推广到全世界。

考虑到早在1920年美国便出现了以提醒人们注意信号灯切换为目的的黄色信号灯，因此胡汝鼎的这一发现能否算作发明黄灯依然有待商榷，但这位当时只有20岁出头的中国小伙无疑也为交通信号灯的发展贡献了自己的一份力量。

交通信号灯作为城市交通管理与控制的重要组成部分，伴随着城市交通的发展不断改变和完善。了解交通信号灯的发展历史，能带给我们更多有意义的思考，从而提高自身的交通素养和情怀，更好地为建设现代化、智能化、数字化的城市交通管控系统而努力奋斗。

路口的综合控制即通过智慧路口综合系统对路口进行交通控制，将是智能交通的发展大趋势。以路口为"单位"，区域协调控制的软件平台和硬件集成系统，包括交通流量检测系统、电警卡口系统、车牌识别系统、违法鸣号抓拍系统、RSU路侧单元以及智能信号机、道路交通信号灯、道路交通信号灯故障预警系统、行人过街智能立柱、可变车道显示屏控制系统、待行区诱导显示屏、交通信息显示屏等硬件产品，实时采集基础交通流动态信息，经数据融合处理分析后，通过信息网络发布到交通诱导显示屏、交通广播电台、机动车车载交通信息终端、互联网等应用场合，向广大公众提供包括路况信息、停车信息、交通预告等方位、实时动态的交通信息服务，从而达到疏导交通、缓解拥堵、充分发挥道路和设施系统作用等功能。

那时的信号灯不是用以光源为主的信号指示设备来指挥车辆和行人的通行，而是在原有信号灯功能的基础上具备数据传输与通信功能，不仅可以通过视觉表达信号灯的意义，更重要的是可以通过数据的交换适时指挥自动驾驶车辆的通行。

以智能交通为核心的新一代交通智能产品，集合了大数据、云计算、5G 移动通信网络、无人驾驶、高速图像检测与分析、人工智能、边缘计算等先进技术，为勇于开创的弄潮儿提供了一片市场巨大的蓝海。

任务 6.4　总结及评价

自主评价式的展示。说一说制作 LED 交通信号灯的全过程，请同学们介绍所用每个电子元器件的功能，电子 CAD 的使用方法和步骤，每条指令的作用和使用方法。展示自己制作的 LED 交通信号灯作品。

1. 任务完成大调查

任务完成后，还要进行总结和讨论，教学时可用表 0-1 进行自我评价。

2. 行为考核指标

行为考核指标，主要采用批评与自我批评、自育与互育相结合的方法。同时采用自我考核、小组考核和班级评定方法。班级每周进行一次民主生活会，就自己的行为指标进行评议，教学时可用表 0-2 进行评价。

3. 集体讨论题

（1）编程逻辑图如何画？有什么规律？

（2）怎样判断电路的好坏？

4. 思考与练习

（1）如何简化程序？闪烁部分能否使用函数？

（2）怎样创建函数？

项目 7　繁花 LED 灯

在项目 4 中学习了流水 LED 灯，用芯片控制 8 个 LED 灯顺序点亮，实际上这 8 个灯还可以亮出很多花样，控制起来非常有趣，城市中有些霓虹灯就是这样控制的，还可根据实际需要增加很多端口，编出更多花样。本项目不设计电路，使用项目 4 的电路和搭建的硬件。

任务 7.1　顺序和逆序点亮 LED 灯

要想实现 LED 花样点亮，首先要排序好接在 0~7 八个端口上的 LED 灯亮灭次序，下面讲解 8 个 LED 灯的逻辑设计和编程思路。

7.1.1　编程思路

现在是用 Mind+ 编写程序，Mind+ 用的是 Arduino 集成开发环境，下面具体介绍程序的编写方法。本程序不增加新的指令，在项目 4 的基础上进行修改。

编程的思路是：编程控制单片机输出端口高、低电平变化，从而控制 LED 灯亮与灭，再组成各种花样，本任务从左向右亮灯逻辑如表 7-1 所示。采用负逻辑设定，电平高（灯亮）为"0"，电平低（灯灭）为"1"，该亮灯逻辑为指示灯从左向右移动，再从右向左移动，反复循环。自己可以做出从右到左亮灯的逻辑表。

表 7-1　亮灯逻辑

状　态	标　号							
	0	1	2	3	4	5	6	7
灯亮与灭	0	1	1	1	1	1	1	1
灯亮与灭	1	1	1	1	1	1	1	1
灯亮与灭	1	0	1	1	1	1	1	1
灯亮与灭	1	1	1	1	1	1	1	1
灯亮与灭	1	1	0	1	1	1	1	1
灯亮与灭	1	1	1	1	1	1	1	1
灯亮与灭	1	1	1	0	1	1	1	1
灯亮与灭	1	1	1	1	1	1	1	1
灯亮与灭	1	1	1	1	0	1	1	1
灯亮与灭	1	1	1	1	1	1	1	1
灯亮与灭	1	1	1	1	1	0	1	1
灯亮与灭	1	1	1	1	1	1	1	1

续表

状　态	标　号							
	0	1	2	3	4	5	6	7
灯亮与灭	1	1	1	1	1	1	0	1
灯亮与灭	1	1	1	1	1	1	1	1
灯亮与灭	1	1	1	1	1	1	1	0
灯亮与灭	1	1	1	1	1	1	1	1

7.1.2　单灯闪烁图形化编程

　　连接主板和计算机，打开 Mind+ 载入扩展库，编写程序时先研究表 7-1 的规律，可直接一个灯一个灯地控制，这样编写的程序不利于以后重复使用，为此，根据表 7-1 的逻辑关系，创建两个函数。一个为"顺序"函数，该函数完成 LED 灯按 0 到 7 的顺序点亮，如图 7-1 所示；另一个为"顺序 1"函数，该函数完成 LED 灯按从 7 到 0 的逆序点亮，如图 7-2 所示，再写一个主程序，调用这两个函数。表中列出 8 个灯的状态，编程时是对单个灯控制（相当于单片机位操作），对其他灯不影响。

图 7-1　顺序点亮函数

　　代码下载完成后，可以看到 LED 灯有从顺序点亮到逆序点亮的结果。

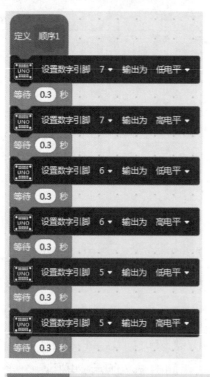

图 7-2　顺序 1 函数和主程序

7.1.3　程序调试

图形化编程不成功的几个现象如下。

（1）程序上传失败。

（2）程序存在逻辑错误或者使用了多个主程序模块。

（3）程序上传成功后，没有达到闪烁效果。

检查主板数字引脚接口或程序数字引脚设置是否错误，以及两者是否一致。

7.1.4 创新编程

（1）程序还可以编出很多花样，望自己编写。

（2）编写两端的指示灯同时向中间移动和中间向两端移动的程序。

（3）编写间隔一个指示灯顺序和逆序点亮并移动的程序。

任务 7.2　双灯同时移动

要想实现 LED 花样点亮，首先要排序好接在 0~7 八个端口上的 LED 灯的亮、灭次序，下面讲解 8 个指示灯的逻辑设计和编程思路。

现在是用 Mind+ 编写程序，Mind+ 用的是 Arduino 集成开发环境，下面具体介绍程序的编写方法。本程序不增加新的指令，在项目 4 的基础上进行修改。

编程的思路是：编程控制单片机输出端口高、低电平变化，从而控制 LED 灯亮与灭，再组成各种花样，本任务的亮灯逻辑如表 7-2 所示。采用负逻辑设定，电平高（灯亮）为 "0"，电平低（灯灭）为 "1"，该亮灯逻辑为相邻两指示灯从左向右移动，再从右向左移动，反复循环。

表 7-2　亮灯逻辑

状态	标　号							
	0	1	2	3	4	5	6	7
灯亮与灭	0	0	1	1	1	1	1	1
灯亮与灭	1	1	1	1	1	1	1	1
灯亮与灭	1	1	0	0	1	1	1	1
灯亮与灭	1	1	1	1	1	1	1	1
灯亮与灭	1	1	1	1	0	0	1	1
灯亮与灭	1	1	1	1	1	1	1	1
灯亮与灭	1	1	1	1	1	1	0	0
灯亮与灭	1	1	1	1	1	1	1	1

续表

状态	标　号							
	0	1	2	3	4	5	6	7
灯亮与灭	1	1	1	1	1	1	0	0
灯亮与灭	1	1	1	1	1	1	1	1
灯亮与灭	1	1	1	1	0	0	1	1
灯亮与灭	1	1	1	1	1	1	1	1
灯亮与灭	1	1	0	0	1	1	1	1
灯亮与灭	1	1	1	1	1	1	1	1
灯亮与灭	0	0	1	1	1	1	1	1
灯亮与灭	1	1	1	1	1	1	1	1

　　按表 7-2 编写程序，如图 7-3 所示，编写时只对要亮与灭的指示灯进行操作，其他灯保持初始状态，一个灯一个灯地逐步操作和编写，编一个运行一下程序，并观察结果。根据表 7-2 的逻辑关系，创建两个函数，一个为"双灯"，该函数完成 LED 灯按从 0 到 7 的两灯顺序点亮，如图 7-3 所示；

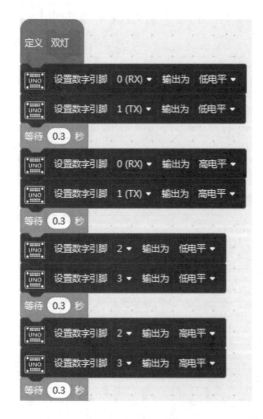
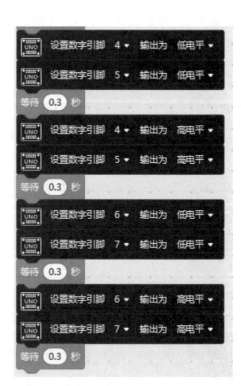

图 7-3　双灯（顺序点亮）函数

另一个为"双灯 1"，该函数完成 LED 灯按从 7 到 0 的两灯逆序点亮，如图 7-4 所示，再写一个主程序，调用这两个函数，如图 7-5 所示。表中列出 8 个灯的状态，编程时是对单个灯控制（相当于单片机位操作），对其他灯不影响。

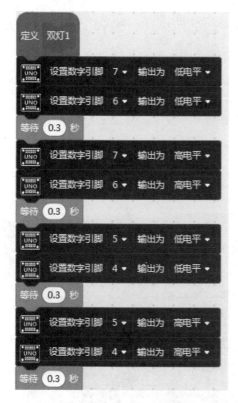
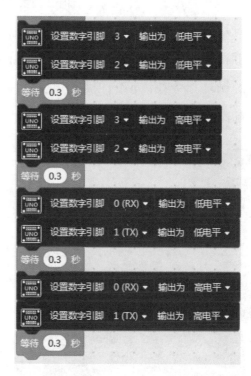

图 7-4　双灯 1（逆序点亮）函数

图 7-5　主程序

任务7.3 花样组合

本任务将任务 7.1 和任务 7.2 的花样组合编写到一起，中间还加上闪烁 3 次程序，为了编写简单，并能重复使用，现采用模块化编程，这里将 3 次闪烁设置为函数，起名为"全闪"，编写时若利用可指定次数的循环指令就能够将程序大大缩短，将 3 次短闪烁的 6 行指令缩短到 2 条指令。可指定次数的循环指令在以前的项目中使用过，这里直接使用。编写"全闪"函数程序如图 7-6 所示。

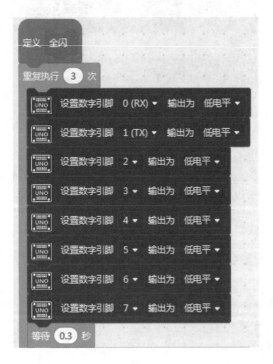
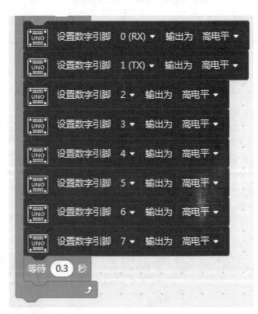

图 7-6　全闪函数

如图 7-7 所示，输入完毕并确认正确后，单击下载代码到 Arduino 中，如果一切顺利，将看到 LED 灯先单灯顺序和逆序点亮，接着双灯顺序和逆序点亮，再闪烁 3 次，反复循环。

图 7-7　主程序

任务 7.4　霓　虹　灯

　　霓虹灯是明亮发光的，充有稀薄氖气或其他稀有气体的通电玻璃管或灯泡，是一种冷阴极气体放电灯。霓虹灯管是一个两端有电极的密封玻璃管，其中填充了一些低气压的气体。几千伏的电压施加在电极上，电离管中的气体使其发出光。光的颜色取决于管中的气体，例如氢（红色）、氦（粉红色）、二氧化碳（白色）、汞蒸气（蓝色）等。

7.4.1　基本内容

　　霓虹灯是城市的美容师，每当夜幕降临时，华灯初上，五颜六色的霓虹灯就把城市装扮得格外美丽。那么，霓虹灯是怎样发明的呢？据说，霓虹灯是英国化学家拉姆赛在一次实验中偶然发现的。

　　1898 年 6 月的一个夜晚，拉姆赛和他的助手正在实验室里进行实验，实验目的是检查一种稀有气体是否导电。拉姆赛把一种稀有气体注射在真空玻璃管里，然后把封闭在真空玻璃管中的两个金属电极连接在高压电源上，聚精会神地观察这种气体能否导电。这时，一个意外的现象发生了：注入真空管的稀有气体不但开始导电，而且还发出极其美丽的红光。这种神奇的红光使拉姆赛和他的助手惊喜不已。拉姆赛把这种能够导电并且发出红色光的稀有气体命名为氖气（Neon）。后来这类给气体通电发光的灯被称为氖灯（Neon light），音译就是霓虹灯。

深圳霓虹景象制造霓虹灯的办法，是采用低熔点的钠——钙硅酸盐玻璃做灯管，根据需要设计不同的图案和文字，用喷灯进行加工，然后烧结电极，再用真空泵抽空，并根据要求的颜色充进不同的稀有气体而制成。

现代的霓虹灯更加精致，有的将玻璃管弯曲成各种各样折形状，制成更加动人的图形；还有的在灯管内壁涂上荧光粉，使颜色更加明亮多彩；有的霓虹灯装上自动点火器，使各种颜色的光次第明灭，交相辉映，使城市之夜变得绚丽多彩。

霓虹灯自1910年问世以来，历经百年不衰。它是一种特殊的低气压冷阴极辉光放电发光的电光源，不同于其他诸如荧光灯、高压钠灯、金属卤化物灯、水银灯、白炽灯等弧光灯。

霓虹灯是一种低气压冷阴极辉光放电灯。它的结构和部件为正常辉光放电提供保证，其中的工作物质为得到所需要的光色提供可能。

7.4.2　霓虹灯结构

霓虹灯由灯管和高压变压器组成。灯管由玻管、电极室组成。电极室由电极、云母片（或瓷环）和电极引线组成。玻管内充有工作气体，玻管内壁有的涂有荧光粉。高压变压器有漏磁式变压器和电子式变压器两种，它是点燃霓虹灯管必不可少的元件。

1. 玻管

玻管主要有填充工作气体、连接两只电极和透射可见光线3种作用。常见的霓虹灯玻管有明管、粉管和彩管3种。

2. 电极

电极是用来发射电子和收集电子及正离子的，采用耐正离子轰击、熔点较高，易于发射电子的金属制作。

3. 云母片（或套环）

云母片的主要作用是支撑电极、隔热和减少玻管内壁阴极溅射物。支撑电极可使其不能移位、不松动和不接触玻管；隔热可防玻管炸裂；减少玻管内壁阴极溅射物可延长灯管寿命。

4. 电极引线

通过电极引线可使电极与外电路连接，需选用导电性好且热胀系数与玻璃相近的材料，电极引线多用杜美丝制作。

5. 工作气体

工作气体多为惰性气体，氖、氩是最常用的工作气体，氖气多充入明管制作红色霓虹灯，氩气多与汞组成氩汞混合气充入粉管制作其他颜色的霓虹灯。

6. 荧光粉

玻管内壁涂上不同品种的荧光粉可方便地与氩、汞混合气制成各种色彩的霓虹灯。

7. 高压变压器

高压变压器是接在霓虹灯管电路中的稳流装置，它与灯管组成一组完整的霓虹灯。辉光放电在电性能上有如下特点：一是需较高的着火电压和较低的工作电压，二是具有负伏安特性使得放电无法稳定。采用漏磁式高压变压器或电子式升压变压器都可为灯管提供高达 15V 的电压使灯着火启辉，气体一开始放电，电压会马上跌落至一个恒定值，维持灯管正常辉光放电于一个稳定状态。

7.4.3　制作工艺

霓虹灯在制作工艺上，无论是明管、粉管还是彩管，其制作工艺基本相同，它们都需经过玻管成型、封接电极、轰击去气、充惰性气体、封排气孔和老炼等工艺。

玻管成型，即制作人员沿着图案或文字的轮廓经过专用火头，将直玻璃管烧、烤、弯成图案或文字的过程，制作人员水平的高低可凭肉眼看出来，水平低的人员制成的灯管易出现转弯处凹凸不平、太厚或太薄、内侧皱褶、偏歪不成平面等。

封接电极，即将弯曲成型的灯管经过火头接上电极和排气孔的过程，接口不得太薄或太厚，接口处须完全烧融，否则易出现慢漏气。

轰击去气是制作霓虹灯的关键，是通过高压电轰击电极，加热电极焚烧灯管电极内肉眼看不见的水蒸气、尘土、油质等物质，排掉这些有害物质，将玻管抽成真空的过程。轰击去气的温度达不到，上述有害物质会清除不彻底，直接影响灯管的质量。轰击去气的温度过高会引起电极过度氧化，使其表面产生氧化层，引起灯管质量下降。轰击去气彻底的玻管充入适当惰性气体，经过老炼，即完成霓虹灯制作过程。

 ## 任务 7.5　总结及评价

自主评价式的展示。说一说制作繁花 LED 灯的全过程，请同学们介绍所用每个电子元器件的功能，电子 CAD 的使用方法和步骤，以及每条指令的作用和使用方法。展示自己制作的繁花 LED 灯作品。

1. 任务完成大调查

任务完成后，还要进行总结和讨论，教学时可用表 0-1 进行自我评价。

2. 行为考核指标

行为考核指标，主要采用批评与自我批评、自育与互育相结合的方法。同时采用自我考核和、小组考核和班级评定方法。班级每周进行一次民主生活会，就自己的行为指标进行评议，教学时可用表 0-2 进行评价。

3. **集体讨论题**

（1）用排列组合法计算还有多少种组合花样？

（2）如何扩展到 16 个指示灯？

4. **思考与练习**

（1）自己设计一个花样，并编出程序。

（2）怎样编写函数？

项目 8　LED 点阵控制器

　　本项目讲解单片机如何控制 8×8 LED 点阵显示，具体做一个 LED 点阵控制器，控制 LED 逐点点亮，并显示简单字符。本项目学习 LED 点阵控制器的设计方法，主要知识点就是怎样用单片机控制 LED 点阵显示。Mind+ 用的是 ESP 系列芯片。设计 LED 点阵控制器的步骤包括：选择电子元器件、设计电路，编程控制，下载程序和调试程序，下面具体讲述。

任务 8.1 LED 点阵控制器硬件拼装

LED 点阵模块指的是利用封装 8×8 的模块，再组合成单元板，这样的单元板称为点阵单元板。LED 模组应用中一般包含两类产品：一类是用插灯或表贴封装做成的单元板，常用于户外门头单红屏；另一类是用作夜间装饰的发光字串。LED 点阵显示模块可显示汉字、图形、动画及英文字符等，显示方式有静态、横向滚动、垂直滚动和翻页显示等。

8.1.1 器件识别与测试

本项目为了节约端口使用 3×8 译码器，用 3 个输出端口译出 8 路信号，这里新增译码器和 LED 点阵，下面分别介绍 LED 点阵和译码器。

1．LED 点阵

LED 点阵显示屏由 LED 组成，以灯的亮与灭来显示文字、图片、动画、视频等，是各部分组件都模块化的显示器件，通常由显示模块、控制系统及电源系统组成。LED 点阵显示屏制作简单，安装方便，被广泛应用于各种公共场合，如汽车报站器、广告屏以及公告牌等。

1）分类

LED 点阵显示屏有单色、双色和全彩三类，可显示红、黄、绿、橙等颜色。LED 点阵有 4×4、4×8、5×7、5×8、8×8、16×16、24×24、40×40 等多种；根据图素的数目分为单原色、双原色、三原色等。根据图素颜色的不同，所显示的文字、图像等内容的颜色也不同，单原色点阵只能显示固定色彩如红、绿、黄等单色，双原色和三原色点阵显示内容的颜色由图素内不同颜色 LED 点亮组合方式决定，如红、绿都亮时，可显示黄色，假如按照脉冲方式控制 LED 的点亮时间，则可实现 256 或更高级灰度显示，即可实现真彩色显示。

2）LED 点阵引脚排布

点阵模块种类很多，下面以 8×8 点阵进行讨论。图 8-1 左图为 LED 点阵正面和反面，右图为引脚分布图，0~7 为行线，字母为列线。点阵模块一般都配有说明书，应严格按说明书设计和使用。

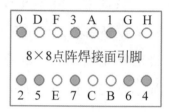

图 8-1　点阵外观图

图 8-2 为 LED 点阵内部结构图，左图为共阴极，行线接二极管阴极，右图为共阳极，行线接二极管阳极。点亮时，只要遵从二极管阳（正）极加高电平，阴（负）极加低电平，二极管就能正常工作。图 8-1 右边的引脚图，与图 8-2 圆圈内的数字（引脚数）是一一对应的，接线时不能接错。引脚图中的第一脚为右下脚，按顺时针方向为 1~16。图 8-2 中的③对应着引脚 3，第 2 列（B），引脚图中列分别用 A、B、C、D、E、F、G、H 表示。图 8-2

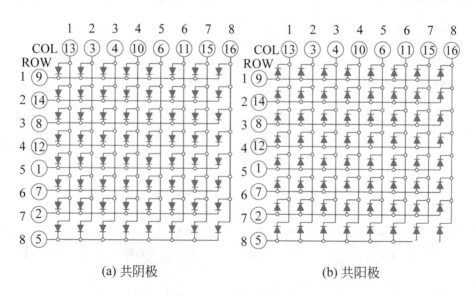

(a) 共阴极　　　　　　　　　(b) 共阳极

图 8-2　点阵内部结构

中的⑨对应着引脚 9，第 1 行（0），引脚图中行分别用 0、1、2、3、4、5、6、7 表示。

3）显示原理

以简单的 8×8 LED 点阵为例，它共由 64 个 LED 组成，且每个 LED 放置在行线和列线的交叉点上。对于共阳模块，当对应的某一行置 1 电平，某一列置 0 电平时，则相应的 LED 点亮；如要将第一个 LED 点亮，则第 9 引脚接高电平、第 13 引脚接低电平，第一个点就亮了；如果要将第一行点亮，则第 9 引脚要接高电平，而列线（圆圈内数字 13、3、4、10、6、11、15、16）引脚接低电平，那么第一行就会点亮；如要将第一列点亮，则第 13 引脚接低电平，而行线（圆圈内数字 9、14、8、12、1、7、2、5）引脚接高电平，那么第一列就会点亮。

一般使用点阵显示汉字用的是 16×16 的点阵宋体字库。所谓 16×16 是每个汉字在行、列各 16 点的区域内显示的，也就是说用 4 个 8×8 点阵组合成一个 16×16 的点阵。比如要显示"你"字，则相应的点要点亮，由于点阵在列线上是低电平有效，而在行线上是高电平有效，所以要显示"你"字，它的位代码信息要取反，即所有列（13~16 引脚）送（0xF7, 0x7F），而第一行（9 引脚）送 1 信号，然后第一行送 0 信号。再送第二行要显示的数据（13~16 引脚）送（0xF7, 0x7F），而第二行（14 引脚）送 1 信号。依次类推，只要每行数据显示时间间隔够短，利用人眼的视觉暂留作用，这样送 16 次数据、扫描完 16 行后，就会看到一个"你"字；第二种送数据的方法是字模信号送到行线上再扫描列线也是同样的道理。同样以"你"字为例，16 行（9、14、8、12、1、7、2、5）上送（0x00, 0x00），而第一列（13 引脚）送"0"。同理扫描第二列。当行线上送了 16 次数据而列线扫描了 16 次后，"你"字就显示出来了。

4）驱动

由 LED 点阵显示器的内部结构可知，器件宜采用动态扫描驱动方式工作，由于 LED 管芯大多为高亮型，因此某行或某列的单体，LED 驱动电流可选用窄脉冲，但其平均电流应限制在 20mA 内。多数点阵显示器的单体

LED 的正向压降约在 2V，但大多数 LED 点阵显示器单体 LED 的正向压降约为 0.6V。

大屏幕显示系统一般是将多个 LED 点阵组成的小模块以搭积木的方式组合而成的，每个小模块都有自己的独立的控制系统，组合在一起后只要引入一个总控制器控制各模块的命令和数据即可，这种方法既简单而且具有易装、易维修的特点。

LED 点阵显示系统中各模块的显示方式有静态和动态显示两种。静态显示原理简单、控制方便，但硬件接线复杂，在实际应用中一般采用动态显示方式。动态显示采用扫描的方式工作，由峰值较大的窄脉冲驱动，从上到下逐次不断地对显示屏的各行进行选通，同时又向各列送出表示图形或文字信息的脉冲信号，反复循环以上操作，就可显示各种图形或文字信息。

2. 译码器

译码器（decoder）是一类多输入多输出的组合逻辑电路器件，可分为变量译码和显示译码两类。变量译码器一般是一种较少输入变为较多输出的器件，常见的有 n 线-2^n 线译码和 8421 BCD 码译码两类；显示译码器用来将二进制数转换成对应的七段码，一般可分为驱动 LED 和驱动 LCD 两类。

74LS138 为 3 线$-$8 线译码器，如图 8-3 所示，共有 54LS138 和 74LS138 两种线路结构型式。54LS138 为军用，74LS138 为民用。当一个选通端 G_1 为高电平，另两个选通端 $\overline{G_{2A}}$ 和 $\overline{G_{2B}}$ 为低电平时，可将地址端（A_0、A_1、A_2）的二进制编码在 $Y_0 \sim Y_7$ 对应的输出端以低电平译出（即输出为 $Y_0 \sim Y_7$ 的非）。例如，$A_2A_1A_0=110$ 时，Y_6 输出端输出低电平信号。

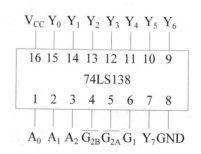

图 8-3　译码器

当 G_1 为低电平时，译码器不能正常工作，输出端 $Y_0 \sim Y_7$ 全部为高电平，详细介绍请参看器件使用说明书，特别是真值表。知道译码器 74LS138 的工作条件后，设计时要将译码器输出端接点阵中 LED 的阴极，当不工作时，保证 LED 不亮。

③. 驱动器

74LS245 是双向同向总线驱动器，用来驱动单片机的系统总线。在应用系统中，所有的系统扩展的外围芯片都需要总线驱动，所以就需要总线驱动器。驱动器如图 8-4 所示，分为 A 总线端和 B 总线端，$\overline{G}$（$\overline{OE}$）为三态允许端（低电平有效），DIR 为方向控制端。当 $\overline{G}$（$\overline{OE}$）为低电平有效时，DIR= "0"，信号由 B 向 A 传输（接收）；DIR= "1"，信号由 A 向 B 传输（发送）；当 $\overline{G}$（$\overline{OE}$）为高电平时，A、B 均为高阻态。

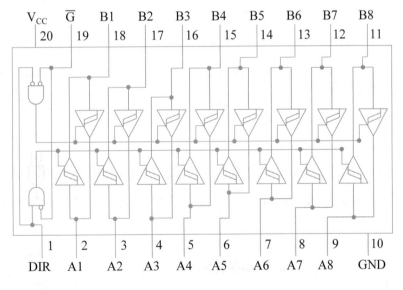

图 8-4　驱动器

8.1.2　LED 点阵控制器 CAD 原理图设计

打开 CAD 软件，在主界面中分别放置 ATmega328P-PN、1 个 8×8 的 LED 点阵模块、1 个 74LS138 译码器、1 个 74LS245 驱动器、+5V 电源、GND 各器件。设计时译码器 74LS138 接 LED 点阵共阳模块的列线。器件放置完毕后，放置导线，保存文件，命名为508，设计后的原理图如图8-5所示。

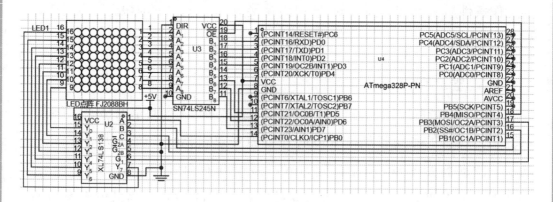

图 8-5　LED 点阵控制器电路原理图

8.1.3　硬件组装调试

设计好原理图后，一般要同时设计好印制电路板（PCB），做 PCB 需要专门的厂家，价格较高，一般用多功能面包板代替，买好器件后，就可在面包板上连接电路。

1. 所需电子元器件

除项目 1 中的 DFRduino UNO（以及配套 USB 数据线）、Prototype Shield 原型扩展板和面包板外，还需其他器件。电子元器件的规格和外形如表 8-1 所示。

表 8-1　电子元器件的规格和外形

器 件 规 格	外　　形
① 若干彩色连接线	
② 1 块 LED 点阵	如图 8-1 所示
③ 1 块 74LS138 译码器	如图 8-3 所示
④ 1 块 74LS245 驱动器	如图 8-4 所示

2. 硬件连接

首先，从套件中取出 Prototype Shield 扩展板和面包板，将面包板背面的双面胶撕下，粘贴到 Prototype Shield 扩展板上。再取出 UNO，把贴有面包板的 Prototype Shield 扩展板插到 UNO 上。取出所需元件，按照原理图连接好。主板标注号 0~7 为行线，标注号 8、9、10 依次接 74LS138 地址端 A、B、C，主板标注号 11 接 74LS138 的使能端 G_1，当为低电平时，输出端全为高电平；主板标注号 12 接 74LS245 的 $\overline{G}$（$\overline{OE}$），当为高电平时，总线全为高阻态，相当于断开。

. 硬件调试

制作好电路后，要对电路进行检查，检查方法有多种，本项目采用电压法。该测试要采用行线和列线同时测试的方法。先确定是共阴还是共阳模块，若是共阳模块并且列线接译码器，先使列线的 74LS138 输出一列为低电平，再使行线一行为高电平，对应指示灯亮，说明电路正确。在具体开发设计时，一般采用程序测试，若程序测试不行，再进行硬件和电压综合测试。

测试方法是将主板标注号为 8、9、10 的端口全部接地，主板标注号为 11 的端口接低电平，Y_0 输出为低电平，这样列线为低电平；主板标号为 12 的端口接低电平，再使行线（标号为 0 端口）为高电平，这样有一个角的指示灯亮。编程或电压控制都行。

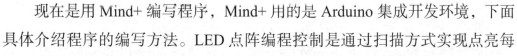

任务 8.2　LED 点阵控制器编程控制

设计好电路图和用电子元器件制作好电路后，测试也没有问题，下一步就进行编程控制。

8.2.1　编程思路

现在是用 Mind+ 编写程序，Mind+ 用的是 Arduino 集成开发环境，下面具体介绍程序的编写方法。LED 点阵编程控制是通过扫描方式实现点亮每个 LED 灯，方法是：从第一行第一列的第一个 LED 灯开始点亮，再使第二个点亮……直到第一行第八列的第八个灯点亮，再换到第二行……直到第八行，才算扫描完成全模块的所有 LED 的点亮工作。若画面变化又要重新扫描，为满足适时变化的画面，要不停扫描，一般按国际标准进行工作。

8.2.2 LED 点阵控制器图形化编程

打开 Mind+，完成前一课所学的加载扩展 Arduino UNO 库，并用 USB 线将主板和计算机相连，然后在连接设备复选框中选择主板并连接。之后将左侧指令区拖曳到脚本区。下面编写使第一个 LED 灯点亮的程序，方法是编程将主板标注号为 8、9、10 的端口全部输出低电平，主板标注号为 11 的端口输出低电平，这样 Y_0 输出为低电平，即列线为低电平；编程使主板标号为 12 的端口输出低电平，标号为 0 的端口输出高电平，即行线为高电平，这样有一个角的指示灯亮。编写程序如图 8-6 所示。

图 8-6　程序

输入完毕后，单击下载程序。

运行结果为：若以上每一步都完成，应该可以看到 LED 点阵上有一个灯亮。

8.2.3　LED 点阵控制器程序调试

　　图形化编程不成功的几个现象如下。

　　（1）程序上传失败。

　　（2）程序存在逻辑错误或者使用了多个主程序模块。

　　（3）程序上传成功后，没有达到闪烁效果。

　　检查数字引脚接口和程序引脚设置是否错误。图 8-6 是共阳极程序，还可编写共阴极程序进行测试。

任务 8.3　译　码　器

　　译码是编码的逆过程，在编码时，每一种二进制代码，都赋予了特定的含义，即都表示一个确定的信号或者对象。把代码状态的特定含义"翻译"出来的过程称为译码，实现译码操作的电路称为译码器。或者说，译码器是可以将输入二进制代码的状态翻译成输出信号，以表示其原来含义的电路。

　　下面以 74LS138 为例，讲解译码器的使用方法。

　　74LS138 为 3 线 -8 线译码器，共有 54LS138 和 74LS138 两种线路结构型式。54LS138 为军用，74LS138 为民用。

　　74LS138 有 3 个输入端 CBA 共有 8 种状态组合（000—111），可译出 8 个输出信号 Y_0~Y_7（注意：各个厂家对引脚的定义和引脚标注符号都不同，使用时以说明书为准）。这种译码器设有三个使能输入端，当一个选通端（G_1）为高电平，另两个选通端（$\overline{G_{2B}}$）和（$\overline{G_{2A}}$）为低电平时，译码器处于工作状态，输出低电平。当译码器被禁止时，输出高电平。工作时，可将地址端（C、B、A）的二进制编码在 Y_0~Y_7 对应的输出端以低电平译出（即输出为 Y_0~Y_7 的非）。比如，当 CBA=110 时，则 Y_6 输出端输出低电平信号。输出状态用真值表列出，如表 8-2 所示。

表 8-2　74LS138 真值表

输　　入						输　　出							
G_1	$\overline{G_{2A}}$	$\overline{G_{2B}}$	C	B	A	$\overline{Y_0}$	$\overline{Y_1}$	$\overline{Y_2}$	$\overline{Y_3}$	$\overline{Y_4}$	$\overline{Y_5}$	$\overline{Y_6}$	$\overline{Y_7}$
×	1	×	×	×	×	1	1	1	1	1	1	1	1
×	×	1	×	×	×	1	1	1	1	1	1	1	1
0	×	×	×	×	×	1	1	1	1	1	1	1	1
1	0	0	0	0	0	0	1	1	1	1	1	1	1
1	0	0	0	0	1	1	0	1	1	1	1	1	1
1	0	0	0	1	0	1	1	0	1	1	1	1	1
1	0	0	0	1	1	1	1	1	0	1	1	1	1
1	0	0	1	0	0	1	1	1	1	0	1	1	1
1	0	0	1	0	1	1	1	1	1	1	0	1	1
1	0	0	1	1	0	1	1	1	1	1	1	0	1
1	0	0	1	1	1	1	1	1	1	1	1	1	0

任务 8.4　总结及评价

自主评价式的展示。说一说制作 LED 点阵控制器的全过程，请同学们介绍所用每个电子元器件的功能、电子 CAD 放置继电器的方法和步骤、每条指令的作用和使用方法，展示自己制作的 LED 点阵控制器作品。

1. 任务完成大调查

任务完成后，还要进行总结和讨论，教学时可用表 0-1 进行自我评价。

2. 行为考核指标

行为考核指标，主要采用批评与自我批评、自育与互育相结合的方法。同时采用自我考核、小组考核和班级评定方法。班级每周进行一次民主生活会，就自己的行为指标进行评议，教学时可用表 0-2 进行评价。

3. 集体讨论题

（1）电视机是如何扫描的？

（2）电视每秒扫描多少幅画面？为什么？

4. 思考与练习

（1）手机是如何显示图像的？

（2）计算机是如何显示文字的？

项目 9　电机控制器

　　本项目讲解单片机如何控制电机工作，即做一个电机控制器，控制电机按要求自动工作。本项目学习电机控制器的设计方法，主要知识点就是怎样用电机控制器控制电机工作。Mind+ 用的是 ESP 系列芯片。电机控制器的设计步骤如下：选择电子元器件、设计电路、编程控制、下载程序和调试程序，下面具体讲述。

任务 9.1　电机控制器硬件拼装

电机控制器可用于直流电机和交流电机。控制器包括将电机连接到电源的装置，还包括电机的过载保护以及电机和接线的过电流保护。电机控制器还可以监控电机的励磁电路，或检测诸如电源电压低、极性或相序不正确或电机温度高等状况。一些电机控制器会限制浪涌启动电流，实现电机软启动。电机控制器具有手动功能和全自动功能，全自动功能要使用内部定时器或电流传感器来实现。本项目实现简单的定时启动和停止功能。

9.1.1　器件识别与测试

本项目用继电器控制大功率直流电机或交流电机，用 ATmega328P-PN 单片机的 2 个输出端口，接 2 个中间继电器，再编程控制 2 个中间继电器工作，达到控制大功率电机的目的。

继电器（relay）是一种电控制器件，是当输入量（激励量）的变化达到规定要求时，在电气输出电路中使被控量发生预定的阶跃变化的一种电器。它具有控制系统（又称输入回路）和被控制系统（又称输出回路）之间的互动关系，通常应用于自动化的控制电路中。继电器实际上是用小电流低电压去控制大电流高电压运作的一种"自动开关"，因此在电路中起着自动调节、安全保护、转换电路等作用。

电磁继电器一般由铁芯、线圈、衔铁、触点簧片等组成。只要在线圈两端加上一定的电压，线圈中就会流过一定的电流，从而产生电磁效应，衔铁就会在电磁力吸引的作用下克服返回弹簧的拉力吸向铁芯，从而带动衔铁的动触点与静触点（常开触点）吸合。当线圈断电后，电磁的吸力也随之消失，衔铁就会在弹簧的反作用力下返回原来的位置，使动触点与原来的静触点（常闭触点）释放。经过吸合、释放，从而达到在电路中的导通、切断的目的。

1）继电器识别

常用的小功率继电器的实物外形如图 9-1 所示，是 8 引脚 15A 带底座小型继电器。图 9-2 为大功率中间继电器。继电器新符号用字母 K 表示，细分时应用双字母表示：电压继电器为 KV，电流继电器为 KA，时间继电器为 KT，频率继电器为 KF，压力继电器为 KP，控制继电器为 KC，信号继电器为 KS，接地继电器为 KE。

图 9-1　小功率继电器的实物外形

图 9-2　大功率中间继电器

图 9-1 所示的小功率继电器内部关系如图 9-3 所示，图中常闭触点就是在线圈没电时，1 和 9 之间、4 和 12 之间是导通的，通电时是断开的，常开触点与此相反。图 9-4 是小功率继电器的符号，常开触点符号和常闭触点符号在图中一看便知，符号中有主触点和辅助触点之分，主触点是有凸起触点，

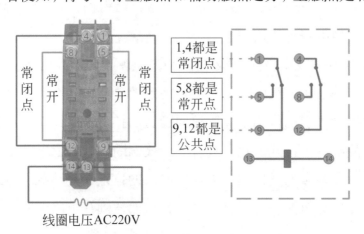

图 9-3　小功率继电器内部关系

是通大电流的控制电机的触点，没有凸起触点的为辅助触点。大功率继电器结构如图 9-5 所示，大功率继电器符号如图 9-6 所示。

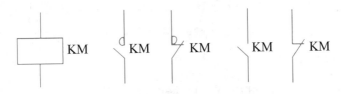

图 9-4　小功率继电器的符号

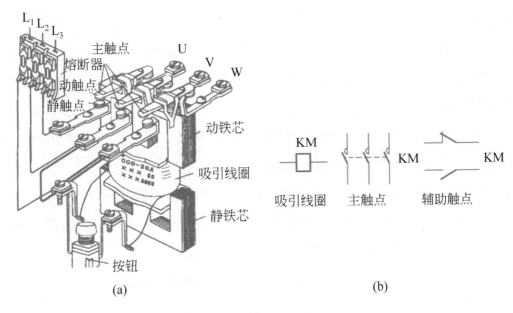

(a)

(b)

图 9-5　大功率继电器结构

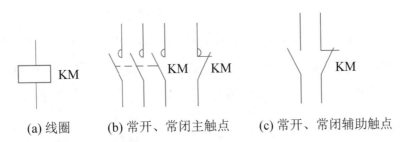

(a) 线圈　　　(b) 常开、常闭主触点　　　(c) 常开、常闭辅助触点

图 9-6　大功率继电器的符号

2）继电器的主要参数

（1）额定工作电压：是指继电器正常工作时线圈所需要的电压。根据继电器的型号不同，可以是交流电压，也可以是直流电压。

（2）直流电阻：是指继电器中线圈的直流电阻，可以通过万能表测量。

（3）吸合电流：是指继电器能够产生吸合动作的最小电流。在正常使用时，给定的电流必须略大于吸合电流，这样继电器才能稳定地工作。而对于线圈所加的工作电压，一般不要超过额定工作电压的 1.5 倍，否则会产生较大的电流而把线圈烧毁。

（4）释放电流：是指继电器产生释放动作的最大电流。当继电器吸合状态的电流减小到一定程度时，继电器就会恢复到未通电的释放状态。这时的电流远远小于吸合电流。

（5）触点切换电压和电流：是指继电器允许加载的电压和电流。它决定了继电器能控制电压和电流的大小，使用时不能超过此值，否则很容易损坏继电器的触点。

控制时，用单片机 5V 电压驱动小功率继电器，再用小功率继电器控制大功率继电器，大功率继电器控制电机工作。选择时，主要选择额定工作电压和触点切换电流两个参数，对于小功率继电器线圈额定电压有直流 5V、12V、24V，对于大功率继电器线圈额定电压有交流电压和直流电压两种，交流电压又分为 220V 和 380V 两种电压。

本项目选择 24V 小功率继电器作为驱动大功率继电器的继电器。

9.1.2　电机控制器 CAD 原理图设计

打开 CAD 软件，在主界面中分别放置 ATmega328P-PN、1 个中间继电器 K1、一个三相继电器 K2、1 个光耦、1 个 1kΩ 电阻、+5V 电源、GND 各器件。器件放置完毕后，再放置导线，保存文件，命名为 509，设计后的原理图如图 9-7 所示。

经过以上绘制后，一个简单原理图设计完成。该电路的功能是：用一个 5V 的电源给单片机供电，编程控制 PB2 输出高、低电平，达到控制电机工作的目的。其工作过程是：PB2 输出高电平，三极管 Q1 导通，将 24V 电压加入线圈两端，K1 线圈通电，K1 的常开触点 3 与 4 之间吸合，将交流 380V 电压加入 K2 线圈两端，K2 的常开触点 9 与 10、11 与 12、13 与 14

之间吸合，控制三相电机开始工作。按要求工作一段时间后，停止电机工作。此时，编程控制 PB2 输出低电平，三极管 Q1 截止，K1 线圈断电，K1 的常开触点 3 与 4 之间断开，K2 线圈断电，K2 的常开触点 9 与 10、11 与 12、13 与 14 之间断开，三相电机断电，停止工作。

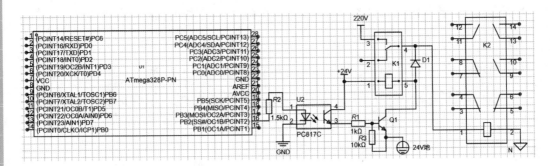

图 9-7　电机控制器电路图

9.1.3　硬件组装调试

设计好原理图后，一般要同时设计好印制电路板（PCB），做 PCB 需要专门的厂家，价格较高，一般用多功能面包板代替，买好器件后，就可在面包板上连接电路。

① . 所需电子元器件

除项目 1 中的 DFRduino UNO（以及配套 USB 数据线）、Prototype Shield 原型扩展板和面包板外，还需 1 个小功率继电器，若干根彩色面包板上的连接线，1 个 1kΩ 电阻，1 个 1.5kΩ 电阻，1 个 10kΩ 电阻和 1 只光耦。电子元器件的规格和外形如表 9-1 所示。

表 9-1　电子元器件的规格和外形

器 件 规 格	外 形
① 若干彩色连接线	
② 1 个小功率继电器	如图 9-1 所示
③ 1 个 1kΩ 电阻	
④ 1 个大功率继电器	如图 9-2 所示

2. 硬件连接

本项目弱电部分只有 CPU 芯片、一个电阻、一个三极管，两个继电器都可以直接放到桌子上或放在专用支架上，用小模块将电阻 $R1$、$R2$、$R3$、光耦 U2、三极管 Q1、二极管 D1、5V 继电器集成在一小块印制电路板上（只能实验室这样设计），如图 9-8 所示。外接大功率继电器，实现低电压对高电压大电流的控制，由于三相电对学生来说很危险，实验时，只要听到继电器响声就可以达到目的，工作时继电器吸合或断开（释放）时，都有较大响声，小功率继电器声音小些，大功率继电器声音大些，很好区分。本项目还要准备一个 24V 电源，也可用一个电源输出两种电压的多用电源。

图 9-8　继电器模块

本项目需要 5V 和 24V 两种电压源，注意 5V 电源地线和 24V 电源地线的处理。图 9-7 是工业控制接线方法，工厂干扰特别大，CPU 芯片必须与高电压严格隔离，不然无法工作，继电器会乱动作。该小模块的 3 条引线，分别是：5V、地、信号线，接好线后继电器会工作。

3. 硬件调试

制作好电路后，要对电路进行检查。检查时用电压法，一般方法是在关键点注入电压，有时用高电平，有时用低电平，本项目就用一根导线将 10 号插孔直接接高电平（5V），若此时继电器工作，说明电路没有问题。

任务 9.2　电机控制器编程控制

设计好电路图和用电子元器件制作好电路后，测试也没有问题，下一步就进行编程控制，在编程之前要对指令进行了解。

9.2.1　编程思路

现在是用 Mind+ 编写程序，Mind+ 用的是 Arduino 集成开发环境，下面具体介绍程序的编写方法。

本项目没有新增加指令，只是将项目 1 的指令修改，完成继电器吸合、释放的功能，听到继电器吸合、释放的声音就行。本项目使用主板标注号为 10 号的端口，编程时使 10 号引脚发生高、低电平变化即可，编程如下。

9.2.2　电机控制器图形化编程

打开 Mind+，完成前一课所学的加载扩展 Arduino UNO 库，并用 USB 线将主板和计算机相连，然后在连接设备复选框中选择主板并连接。之后将左侧指令区拖曳到脚本区。输入样例程序如图 9-9 所示。

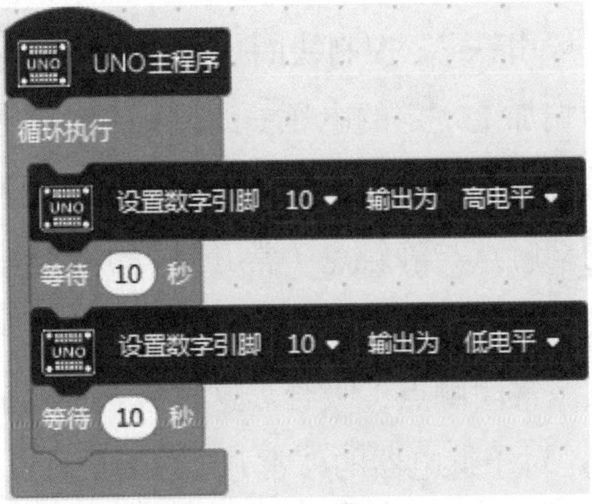

图 9-9　样例程序

输入完毕后，单击下载程序。

运行结果为：以上每一步都完成后，可以看到继电器每隔 10s 吸合一次，再过 10s 释放一次，反复循环。

9.2.3 电机控制器程序调试

图形化编程不成功的几个现象如下。

（1）程序上传失败。

（2）程序存在逻辑错误或者使用了多个主程序模块。

（3）程序上传成功后，没有达到设计效果。

检查数字引脚接口或程序引脚设置是否错误，主板标注的 10 号插孔连接是否正确。

 ## 任务9.3 继 电 器

控制电路中使用的继电器大多数是电磁式继电器。电磁式继电器具有结构简单，价格低廉，使用维护方便，触点容量小，触点数量多且无主辅之分，无灭弧装置，体积小，动作迅速、准确，控制灵敏、可靠等特点，广泛地应用于低压控制系统中。常用的电磁式继电器有电流继电器、电压继电器、中间继电器以及各种小型通用继电器等。

电磁式继电器一般由铁芯、控制线圈、衔铁、触点簧片等组成，如图 9-10 所示。只要在线圈两端加上一定的电压，线圈中就会流过一定的电流，从而产生电磁效应，衔铁就会在电磁力吸引的作用下克服返回弹簧的拉力吸向铁芯，从而带动衔铁的动触点与静触点（常开触点）吸合。当线圈断电后，电磁的吸力也随之消失，衔铁就会在弹簧的反作用力下返回原来的位置，使动触点与原来的静触点（常闭触点）吸合。这样吸合、释放，从而达到在电路中导通、切断的目的。对于继电器的"常开、常闭"触点，可以这样来区分：继电器线圈未通电时处于断开状态的静触点，称为"常开触点"；处于接通状态的静触点称为"常闭触点"。

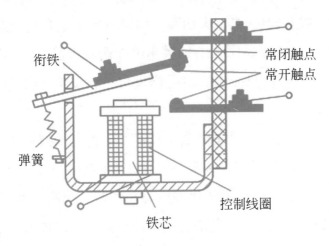

衔铁

常闭触点
常开触点

弹簧

控制线圈

铁芯

图 9-10　继电器结构

当今，汽车继电器的一个重要发展方向是将传统的开关继电器与微电子技术、计算机技术相结合，扩展成具有故障诊断、报警和模糊控制功能的一个功能部件，即组合式继电器。例如，雨刮继电器从单纯的继电器转为雨刮控制器。组合式继电器技术主要是在硬件和软件方面的开发。

硬件方面，广泛采用微控制器（MCU）、专用 IC（ASIC）以及 SMT、SMD（表面贴装器件）。软件方面，要有对开发工具的运用和熟练的编程技术及技巧。实现产品向智能化、系统集成化、模块化及满足环保、低功耗要求方面发展。

固态继电器（SSR）：是由电子元器件、IC 和混合电路构成，通过半导体结实现电路导通和关断的一种电子式继电器，其在各类继电器中增长最快，在整个继电器中的比重不断上升。与电磁继电器（EMR）相比，SSR 具有可靠性高、寿命长（有上亿次，而 EMR 通常只有几十万次）、电磁干扰低、响应速度快、控制功率低（与大多数逻辑 IC 兼容）和抗振动等优势。这些优势决定了 SSR 具有旺盛的生命力和极强的市场竞争力。

随着电子技术、光电子技术的进步，SSR 性能将有进一步提高：导通电阻降至 $1m\Omega$ 以下；断路漏电流降至 $1\mu A$ 以下，开关时间降至 $10\mu s$ 以下；高负载能力直流达 1000A；实现多组转换等。

SSR 产品的发展方向：一是微型化，如光 MOS SSR 3.9mm×4.09mm×

2.0mm，已成为热门产品；二是大功率，如采用新型电力电子器件 VDMOS，已达 100V/30A，工作频率 100kHz，采用绝缘栅双极晶体管（IGBT），已达 1700V/800A，工作频率 150kHz；三是模块化（如 I/O 模块、IPM 模块等）、组合化、智能化。

IPM（智能功率模块）是集微电子技术、电力电子技术和控制技术于一体的高科技产品，是在新型功率器件——IGBT 的基础上，采用 SMT 和厚膜 IC 工艺，将 IBGT 芯片、最优化栅极驱动电路、控制电路和过流、过压、短路、过热、欠压锁定等保护电路装在一块模块内。IPM 实际上是一种功能拓展的模块化、智能化的 SSR。

目前，鉴于 SSR 价格偏高，主要用于军事、防火、抗干扰等高档次场合。随着技术的迅速进步，SSR 的价格会有更大的下降空间，其应用将进一步扩大。

国外已利用微机电系统（MEMS）技术开发成功了较小的微型机电继电器，尺寸为 1.5mm×1.0mm×0.6mm。该继电器触点负荷为 0.3A，触点接触电阻小于 300mΩ，触点断开时绝缘电阻大于 1013Ω，动作电压为 5V，可满足长途通信和数据通信以及要求体积小、精度高的电子装置的需要。

继电器外形尺寸将继续缩小，结构和材料将不断创新。继电器的发展目标是不断提高技术性能和性能价格比，不断缩小外形尺寸，不断进行结构和材料创新。

自第一代通信继电器于 20 世纪 70 年代投产以来，差不多以每十年更新一代的速度向前发展，到 20 世纪 80 年代生产的第二代通信继电器外形尺寸已缩小到 20.0mm×10.0 mm×9.0mm（200mW），再到 20 世纪 90 年代生产的第三代通信继电器尺寸又缩小为 14.0mm×7.0mm×5.5mm（140mW），直到 1998 年推出的第四代通信继电器尺寸更进一步缩小到 10.0mm×6.5mm×5.0mm（100mW）。从第三代到第四代的更迭已缩短为 8 年。

继电器外形尺寸的缩小，是否意味着已逐渐逼近其物理"极限"？早在多年前，就曾有人预测，10mm 是继电器外形尺寸的"极限"，后来又预测 8mm、5mm，然而所有这些预测一次次被实践所突破。目前，国际上除第四代通信继电器外，还大量生产 3.9mm×4.1mm×2.0mm 的 SSR，近期更推出了 1.5mm×1.6mm×0.6mm 的微型机电继电器。继电器发展究竟有无"极限"？"极限"究竟在哪里？究竟由哪些因素决定？看来突破这些"限制"，发展新一代继电器及相关新技术、新材料乃是当前继电器发展的一个重要方向，也是继电器技术发展中的一个重大研究课题。国外研究力度很大，且在寻找新的途径，我们也应从研究继电器技术"限制"问题入手，探寻突破现有"限制"的理论和技术，努力实现我国继电器技术的飞跃。

继电器是一种自动控制元件，而不是最终产品，它只有装入整机系统才能发挥作用。随着整机系统向高可靠（减少连线）、高速度、低功耗、低电压和多媒体、网络化、移动化方向发展，系统对功能元件的要求越来越高，希望继电器多功能化、组合化、系统集成化、模块化、智能化，单一功能的传统继电器已无法满足性能日益提高的整机系统的要求。

另外，由于继电器设计及工艺水平的提高，已可将微电子技术、光电子技术、智能控制技术等移植到继电器，在继电器内部集成各种器件和电路，如 MCU、ASIC 等，使之能实现多种功能，如延时、放大、运算、显示、监控、报警、故障诊断、模糊控制等。

正是在需求牵引和技术推动的双重作用下，出现了智能化的多功能的组合式继电器。组合式继电器更能从整机系统角度出发，实现更高性能的系统指标。从单一开关功能的传统继电器转变为多功能的组合式继电器不仅是一种概念上的突破，同时也是继电器技术发展的必然结果。这是继电器领域的一场革命，对继电器技术有重大推动作用。目前，组合式继电器技术已崭露头角，组合式继电器技术处于快速发展的时期。我们一定要抓住这一机遇，加强继电器技术与系统应用的互相融合，努力培养复合型创新人才，实现继电器技术上的大跨越。

继电器技术和其他学科相结合将产生新的继电器领域，继电器技术一旦与其他学科结合定会诞生一系列崭新的继电器领域和重大经济增长点。20 世纪 70 年代与半导体技术、光电技术相结合诞生了 SSR。最新的典型例证便是使用 MEMS 技术研制成功的微型机电继电器。该微型继电器既不是传统继电器外形尺寸的机械缩小，也不是继电器简单的拓展和延伸，而是由微电子技术发展而引发的一场微小型化革命的产物，是微电子技术与精密加工技术交叉的前沿研究领域。它几乎涉及自然及工程科学的所有领域，如电子技术、机械技术、光学、物理学、化学、材料科学、能源科学等。

　　微型继电器的发展开辟了一个全新的继电器领域，它能实现许多继电器不能完成的功能，在航天、航空、汽车、生物医学、环境控制和军事等许多领域都有十分广阔的应用和市场前景。微型继电器是跨世纪的科学技术，将会有更大发展。强调和加强交叉学科的结合，对我国继电器技术发展具有重要的意义。

　　　　　　# 任务 9.4　总结及评价　　　　

　　自主评价式的展示。说一说制作电机控制器的全过程，请同学们介绍所用每个电子元器件的功能，电子 CAD 放置继电器的方法和步骤，每条指令的作用和使用方法。展示自己制作的电机控制器作品。

① . 任务完成大调查

任务完成后，还要进行总结和讨论，教学时可用表 0-1 进行自我评价。

② . 行为考核指标

行为考核指标，主要采用批评与自我批评、自育与互育相结合的方法。同时采用自我考核、小组考核和班级评定方法。班级每周进行一次民主生活会，就自己的行为指标进行评议，教学时可用表 0-2 进行评价。

③ . 集体讨论题

（1）电子 CAD 中如何找到继电器元器件。

（2）叙述继电器的使用方法。

④ . 思考与练习

（1）在电子 CAD 中如何找到光耦。

（2）叙述光耦的使用方法。

项目 10　报　警　器

　　本项目要接触一个新的电子元器件——蜂鸣器，它是一个会发声的元件。将蜂鸣器连接到 Arduino 数字输出引脚，并配合相应的程序就可以产生报警器的声音。其原理是利用正弦波产生不同频率的声音。如果结合一个 LED，配合同样的正弦波产生灯光，就是一个完整的报警器。本项目的主要知识点就是怎样对 CPU 的输入、输出端口进行控制。

任务 10.1   报警器硬件拼装

实现蜂鸣器报警器，首先要了解电子元器件的功能，蜂鸣器要想发声，需要在蜂鸣器两端加 5V 电压，还要自动实现蜂鸣器电压通断，本项目用 ATmega328P-PN 单片机的 1 个输出口，接 1 个蜂鸣器，再编程控制蜂鸣器接通与断开，接通时，蜂鸣器发声；断开时，蜂鸣器不发声。

10.1.1   报警器 CAD 原理图设计

打开 CAD 软件，在主界面中分别放置 ATmega328P-PN、1 个蜂鸣器、1 个三极管、1 个 1kΩ 电阻、+5V 电源、GND 各器件。器件放置完毕后，再放置导线，保存文件，命名为 510，设计后的原理图如图 10-1 所示。

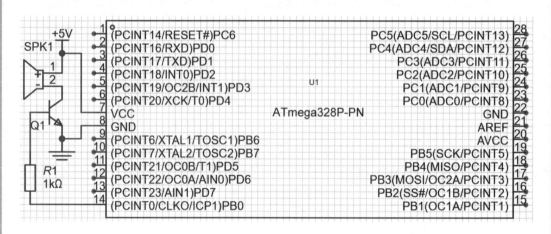

图 10-1   报警器电路图

10.1.2   硬件组装调试

设计好原理图后，一般要同时设计好印制电路板（PCB），做 PCB 需要专门的厂家，价格较高，一般用多功能面包板代替，买好器件后，就可在面包板上连接电路。

1. 所需电子元器件

除项目 1 中的 DFRduino UNO（以及配套 USB 数据线）、Prototype Shield 原型扩展板和面包板外，还需 1 只蜂鸣器，若干根彩色面包板上的连接线，1 个 1kΩ 电阻和 1 只三极管。电子元器件的规格和外形如表 10-1 所示。

表 10-1　电子元器件的规格和外形

器 件 规 格	外　　形
① 若干彩色连接线	
② 1 只 5mm LED 灯	
③ 1 个 1kΩ 电阻	
④ 蜂鸣器	

2. 硬件连接

首先，从套件中取出 Prototype Shield 扩展板和面包板，将面包板背面的双面胶撕下，粘贴到 Prototype Shield 扩展板上。再取出 UNO，把贴有面包板的 Prototype Shield 扩展板插到 UNO 上。取出所需元件，按照图 10-2 连接。在连接时需要注意图片中的扩展板和实际手中的扩展板可能存在一定的版本差异，接线要对照所用接口下的标号，而非依靠接口的相对位置。

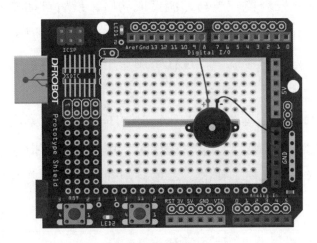

图 10-2　报警器

用绿色与黑色的杜邦线连接元件（在 DFRobot 的产品中有如下定义，

绿色为数字端口，蓝色为模拟端口，红色为电源 VCC，黑色为 GND，白色可随意搭配），使用面包板上的其他孔也没关系，只要元件和线的连接顺序与图 10-2 保持一致即可。确保蜂鸣器连接正确，蜂鸣器长脚为 +（即 VCC），短脚为 -（即 GND），完成连接后，给 Arduino 接上 USB 数据线、供电，准备下载程序。

3. 硬件调试

制作好电路后，要对电路进行检查，用电压检查方法，用一根导线将蜂鸣器另一端直接接电源负极（地），若此时蜂鸣器发声，说明蜂鸣器没有问题，接着编写程序测试。

任务 10.2 报警器编程控制

设计好电路图和用电子元器件制作好电路后，测试也没有问题，下一步就进行编程控制，在编程之前要对指令进行了解。

10.2.1 指令介绍

程序在集成开发环境中编写、调试成功后，最后自动将程序转换成十六进制代码，集成开发环境还有一个功能就是烧写功能，原来都是用专用烧录器将程序代码烧写到单片机中，现在不用专用的烧录器，用一根下载线就能烧录程序。

现在是用 Mind+ 编写程序，Mind+ 用的是 Arduino 集成开发环境，下面具体介绍程序的编写方法。在编写程序时，用到一条新指令，现在学习一下程序中用到的指令是如何工作的。本项目用到的指令如表 10-2 所示。

表 10-2 图形化指令

所属模块	指　令	功　能
Arduino	设置引脚 9 喇叭蜂鸣器音调为 1 低 C/C3 节拍为 1/2	控制蜂鸣器输出的音调高低和时间长短

10.2.2　报警器图形化编程

打开 Mind+，完成前一课所学的加载扩展 Arduino UNO 库，并用 USB 线将主板和计算机相连，然后在连接设备复选框中选择主板并连接。之后将左侧指令区拖曳到脚本区。编写程序如图 10-3 所示。

图 10-3　程序

输入完毕后，单击下载程序。

运行结果为：以上每一步都完成后，可以听到喇叭发出的美妙声音。

10.2.3　报警器程序调试

图形化编程不成功的几个现象如下。

（1）程序上传失败。

（2）程序存在逻辑错误或者使用了多个主程序模块。

（3）程序上传成功后，没有达到报警效果。

检查数字引脚接口或程序引脚设置是否错误。

 任务 10.3　蜂鸣器的发展

蜂鸣器是一种一体化结构的电子讯响器，采用直流电压供电，广泛应用于计算机、打印机、复印机、报警器、电子玩具、汽车电子设备、电话机、定时器等电子产品中作发声器件。

蜂鸣器在电路中用字母"H"或"HA"（旧标准用"FM""ZZG""LB""JD"等）表示。蜂鸣器图形符号如图 10-4 所示。

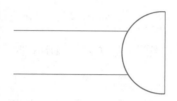

图 10-4　蜂鸣器图形符号

蜂鸣器主要分为压电式蜂鸣器和电磁式蜂鸣器两种类型。

1. 压电陶瓷蜂鸣器

压电蜂鸣片由锆钛酸铅或铌镁酸铅压电陶瓷材料制成。在陶瓷片的两面镀上银电极，经极化和老化处理后，再与黄铜片或不锈钢片粘在一起。

压电陶瓷片是一种电子发音元件，在两片铜制圆形电极中间放入压电陶瓷介质材料，当在两片电极上面接通交流音频信号时，压电片根据信号的大小频率发生振动而产生相应的声音。压电陶瓷片由于结构简单、造价低廉，被广泛应用于电子电器方面，如玩具、发音电子表、电子仪器、电子钟表、定时器等。超声波电机就是利用相关的性质制成。

压电式蜂鸣器具有体积小、灵敏度高、耗电少、可靠性好、造价低廉的特点和良好的频率特性，因此被广泛应用于各种电器产品的报警，最常见的如音乐贺卡、电子门铃和电子玩具等小型电子产品。

2. 电磁式蜂鸣器

电磁式蜂鸣器由振荡器、电磁线圈、磁铁、振动膜片及外壳等组成，接通电源后，振荡器产生的音频信号电流通过电磁线圈，使电磁线圈产生磁场，振动膜片在电磁线圈和磁铁的相互作用下，周期性地振动发声。

电磁式蜂鸣器广泛应用于计算机、打印机、复印机、报警器、电子玩具、汽车电子设备、电话机、定时器等电子产品中作发声器件。

压电式蜂鸣器是以压电陶瓷的压电效应，带动金属片的振动而发声；电磁式蜂鸣器，则是用电磁的原理，通电时将金属振动膜吸下，不通电时被振动膜的弹力弹回，故压电式蜂鸣器是以方波来驱动的，电磁式是以 1/2 方波驱动的，压电式蜂鸣器需要比较高的电压才能有足够的音压，一般建议 9V以上。压电式蜂鸣器的有些规格，可以达到 120dB 以上，较大尺寸的也很容易达到 100dB。

电磁式蜂鸣器用 1.5V 就可以发出 85dB 以上的音压，唯消耗电流会大大地高于压电式蜂鸣器，而在相同的尺寸时，电磁式蜂鸣器的响应频率可以做得比较低；电磁式蜂鸣器的音压一般最多到 90dB，机械式蜂鸣器是电磁式蜂鸣器中的一个小类别。

无论是压电式蜂鸣器还是电磁式蜂鸣器，都有有源蜂鸣器和无源蜂鸣器两种区分。有源蜂鸣器和无源蜂鸣器的根本区别是对输入信号的要求不一样。这里的"源"不是指电源，而是指振荡源，有源蜂鸣器内部带振荡源，就是只要一通电就会响，适合做一些单一的提示音。无源蜂鸣器内部不带振荡源，所以如果仅用直流信号无法使其响，必须用 2K~5K 的方波驱动，但是无源蜂鸣器比有源蜂鸣器音效更好，适合需要多种音调的应用。

从外观上看，有源蜂鸣器有长、短脚，也就是所谓正、负极，长脚为正极，短脚为负极。而无源蜂鸣器则没有正、负极，两个引脚长度相同。在套件中，我们为初学者选用的蜂鸣器类型是电磁式无源蜂鸣器。当然，可以买一个有源蜂鸣器，直观感受一下两者的区别。

 ## 任务 10.4　总结及评价

自主评价式的展示。说一说制作报警器的全过程，请同学们介绍所用每个电子元器件的功能，电子 CAD 放置蜂鸣器的方法和步骤，每条指令的作用和使用方法。展示自己制作的报警器作品。

1. 任务完成大调查

任务完成后，还要进行总结和讨论，教学时可用表 0-1 进行自我评价。

② . 行为考核指标

行为考核指标，主要采用批评与自我批评、自育与互育相结合的方法。同时采用自我考核、小组考核和班级评定方法。班级每周进行一次民主生活会，就自己的行为指标进行评议，教学时可用表 0-2 进行评价。

③ . 集体讨论题

（1）如何写出悠扬悦耳的程序？

（2）怎样判断蜂鸣器的好坏？

④ . 思考与练习

（1）在电子 CAD 中怎样编辑汉字大小？

（2）怎样移动和翻动器件？

项目 11　红外线感应器

　　本项目要接触到红外线感应器。红外线感应器是根据红外线反射的原理研制的，属于一种智能节水、节能设备，包括感应水龙头、自动干手器、医用洗手器、自动给皂器。这是标准的称呼，也称为热红外人体感应器。本项目学习红外线感应器的设计方法，主要知识点就是怎样用单片机控制红外线传感器显示。

任务 11.1 红外线感应器硬件拼装

红外线感应器是通过红外线反射原理，例如常见的感应水龙头，当人体的手或身体的某一部分在红外线区域内，红外线发射管发出的红外线由于人体的手或身体遮挡反射到红外线接收管，通过集成线路内的微计算机处理后的信号发送给脉冲电磁阀，电磁阀接收信号后按指定的指令打开阀芯来控制水龙头出水；当人体的手或身体离开红外线感应范围，电磁阀没有接收信号，电磁阀阀芯则通过内部的弹簧进行复位来控制水龙头关水。

11.1.1 器件识别与测试

红外线传感器是利用红外线进行数据处理的一种传感器，具有灵敏度高等优点，红外线传感器可以控制驱动装置的运行。下面介绍红外线传感器。

红外线探头也称 IR 探头，可广泛应用于测量悬浮物浓度、污泥浓度和浊度值，还可应用在混合溶液、最终排放悬浮物和污泥界面侦测中。探头成本设计低，可自动清洗，只需定期清洁玻璃表面。在沉淀池中监测污泥界面高度时，在下一步处理流程开始前，必须准确测量低浓度固体的数值，因此确保探头的灵敏度十分重要。事实证明，红外光吸收原理应用合理，可靠并且十分有效。同样探头可应用于测量悬浮固体物浓度和浊度，且耗费低。如果探头表面污染严重，可以用空气清洁系统来改善。

图 11-1（a）为吸顶式红外线感应器，图 11-1（b）为人体红外线感应器，

(a) 吸顶式红外线感应器　　(b) 人体红外线感应器　　(c) 红外探头

图 11-1　感应器外观图

图 11-1（c）为红外探头。它们一般都配有说明书，应严格按说明书设计和使用。

红外接近开关是一种数字输入设备，具有开（高）关（低）两种状态。默认状态为开（高）。

红外接近开关：① 780nm，红外线波长为 780nm~1mm，而红外接近开关使用的是接近可见光波长的近红外线；② 利用被检测物体对红外光束的遮光（位于红外发射器另一侧的接收器接收不到红外线）或反射（位于红外发射器同侧的接收器接收到物体反射回来的红外线），检测有无物体；③ 红外接近开关对所有能反射光线的物体均可检测；④ 使用数字输入引脚，读取输入端口的数值（1/0 代表有无接收红外信号）。

11.1.2　红外线感应器 CAD 原理图设计

打开 CAD 软件，在主界面中分别放置 ATmega328P-PN、1 个红外线感应器、1 个 220Ω 电阻、+5V 电源、GND 各器件。器件放置完毕后，再放置导线，保存文件，命名为 511，设计后的原理图如图 11-2 所示。

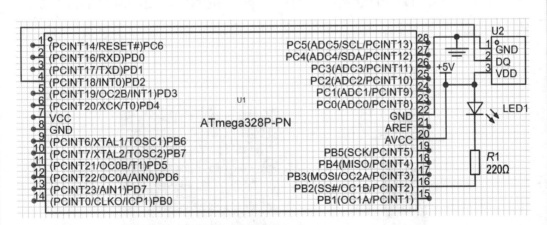

图 11-2　红外线感应器电路图

11.1.3　硬件组装调试

设计好原理图后，一般要同时设计好印制电路板（PCB），做 PCB 需要

专门的厂家，价格较高，一般用多功能面包板代替，买好器件后，就可在面包板上连接电路。

1. 所需电子元器件

除项目 1 中的 DFRduino UNO（以及配套 USB 数据线）、Prototype Shield 原型扩展板和面包板外，还需 1 只 LED 灯，若干根彩色面包板上的连接线，1 个 220Ω 电阻。电子元器件的规格和外形如表 11-1 所示。

表 11-1　电子元器件的规格和外形

器 件 规 格	外　　形
① 若干彩色连接线	
② 1 个传感器	如图 11-1 所示
③ 1 个 220Ω 电阻	
④ 1 只 LED 灯	

2. 硬件连接

本项目由专用的小集成模块实现，小模块在专门的网站上可以买到，这些小模块使用表 11-1 中分立器件用小 PCB 焊接而成，使用时只要按照小模块上的标注接线就行。取出所需元件和小模块，按照图 11-3 连接。红外线

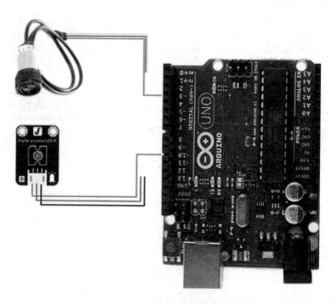

图 11-3　红外线感应器硬件图

传感器接主板标号 3，LED 灯接主板标号 10。传感器有两种版本：老版为黄线-信号，红线-+5V，绿线-地；新版为黑线-信号，棕线-+5V，蓝线-地。

③. 硬件调试

制作好电路后，要对电路进行检查。检查方法有多种，本项目用万用表测试红外管信号输出端高、低电平变化来判断红外管好、坏。接好红外管电源线，用万用表测量信号线与地之间的电压，当手接近红外管时，信号线变为"高电平"，手离开时，变为低电平。若有此变化，说明红外管完好。

任务 11.2　红外线感应器编程控制

设计好电路图和用电子元器件制作好电路后，测试也没有问题，下一步就进行编程控制，本项目没有新增指令，主要训练编程方法。

11.2.1　编程思路

现在是用 Mind+ 编写程序，Mind+ 用的是 Arduino 集成开发环境，下面具体介绍程序的编写方法。该程序是输入、主控中心 CPU 和输出联动控制项目，程序编写时，首先检测输入端状态，读取输入状态为"0"或"1"，CPU 再进行比较判断，根据判断结果再对输出控制，若输入信号为"0"，输出信号为"0"，喇叭不响；若输入信号为"1"，输出信号为"1"，喇叭响，报警。

11.2.2　红外线感应器图形化编程

打开 Mind+，完成前一课所学的加载扩展 Arduino UNO 库，并用 USB 线将主板和计算机相连，然后在连接设备复选框中选择主板并连接。之后将左侧指令区拖曳到脚本区。编写程序如图 11-4 所示。

图 11-4　程序

输入完毕后，单击下载程序。

运行结果为：以上每一步都完成后，会有人近灯亮，人走灯灭的结果。

11.2.3　红外线感应器程序调试

图形化编程不成功的几个现象如下。

（1）程序上传失败。

（2）程序存在逻辑错误或者使用了多个主程序模块。

（3）程序上传成功后，没有达到控制效果。

检查数字引脚接口或程序引脚设置是否错误。

任务 11.3　红外线接收管

红外线接收管分两种：一种是二极管；另一种是三极管。外形如图 11-5 所示。

红外线接收管是将红外线光信号变成电信号的半导体器件，它的核心部件是一个特殊材料的 PN 结。和普通二极管相比，红外线接收管在结构上采取了大的改变，为了更多更大面积地接收入射光线，它的 PN 结面积尽量做得比较大，电极面积尽量减小，而且 PN 结的结深很浅，一般小于 1μm。红

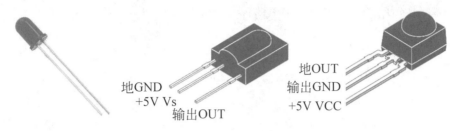

地GND
+5V Vs
　　输出OUT

地OUT
输出GND
+5V VCC

图 11-5　红外线接收管外形图

外线接收二极管是在反向电压作用之下工作的。没有光照时，反向电流很小（一般小于 0.1μA），称为暗电流。当有红外线光照时，携带能量的红外线光子进入 PN 结后，把能量传给共价键上的束缚电子，使部分电子挣脱共价键，从而产生电子——空穴对（简称光生载流子）。它们在反向电压作用下参加漂移运动，使反向电流明显变大，光的强度越大，反向电流也越大。这种特性称为"光电导"。红外线接收二极管在一般照度的光线照射下，所产生的电流叫光电流。如果在外电路上接上负载，负载就获得了电信号，而且这个电信号随着光的变化而相应变化。

①. 红外接收系统

　　红外发射以及接收示意图，如图 11-6 所示，由信号发射以及信号接收两部分组成，发射端把对应的数字信号，也就是我们的遥控码加载在载波上，遥控码一般采用二进制脉冲，每家公司都有自己的遥控码以及不同的传输协议方式。目前红外遥控器载波频率一般都是 38kHz，也有 36kHz 和 40kHz 的，这是由于一般的晶振频率是 455kHz，要把信号发送出去，首先要分频，一般分频取 12 等份，那么就有 455kHz/12≈37.9kHz≈38kHz。承载着信号的载波发送出去后，红外接收头里有一个红外光电二极管，此时通过放大等一系列工程，最终把信号调制成电流信号，从而转换成所需要的遥控码，输出相应功能。

②. 红外接收头内部框图

　　图 11-7 是接收头内部结构方框图，其内部集成了自动增益放大器、带通滤波器、解调器等电路，有些还包含限幅电路、比较器以及积分器等，因

此一个小小的接收头其实内部集成了不少电路。

图 11-6　红外发射及接收示意图

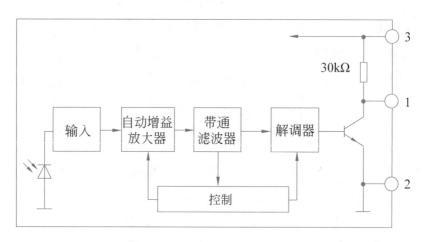

图 11-7　接收头内部结构方框图

③ . 分类

除应用于工业生产的各种场合外，红外探头也广泛应用于防盗报警领域，当被监控区域有未经允许的入侵者出现时，红外探头可检测出入侵者，然后将检测信号传送到防盗报警处理终端，触发报警器或发出指示信号让工作人员采取措施。红外防盗报警探头分主动式和被动式。

主动式（active）红外防盗探头由红外发射探头和红外接收探头组成，一个探头始终向对侧发射红外线，另一个探头始终接收对侧传来的红外线，应用时将两个探头安装在被监控通道的两侧，形成红外线屏障，如图 11-8 所示。

被动式（passive）红外探头为单纯的红外接收探头，工作时被动接收活体目标发出的红外线。

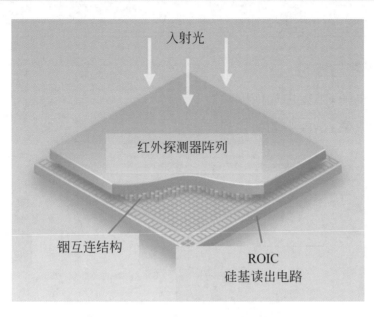

图 11-8　接收头内部结构方框图

任务 11.4　总结及评价

　　自主评价式的展示。说一说制作红外线感应器的全过程，请同学们介绍所用每个电子元器件的功能，电子 CAD 放置蜂鸣器的方法和步骤，每条指令的作用和使用方法。展示一下自己制作的红外线感应器作品。

 . 任务完成大调查

　　任务完成后，还要进行总结和讨论，教学时可用表 0-1 进行自我评价。

 . 行为考核指标

　　行为考核指标，主要采用批评与自我批评、自育与互育相结合的方法。同时采用自我考核、小组考核和班级评定方法。班级每周进行一次民主生活会，就自己的行为指标进行评议，教学时可用表 0-2 进行评价。

3 . 集体讨论题

（1）网上搜集三极管的种类及工作原理。

（2）在网上搜集各类三极管维修方法。

4. 思考与练习

（1）在电子 CAD 中如何删除线。

（2）在电子 CAD 中如何找到传感器。

项目 12　声 控 台 灯

　　本项目要接触到声音传感器。声音传感器是根据声音的原理研制的，属于智能控制范围。本项目将学习声音传感器的设计方法，主要知识点就是怎样用单片机通过声音传感器控制台灯。

任务 12.1　声控台灯硬件拼装

　　本项目通过声音代替按钮形式的开关，重新学习一个新的原件——模拟声音传感器。模拟声音传感器可以将声音的响度转换成模拟信号，在 Arduino 主控板上，仍然是输入 0~1023 的数值。

12.1.1　声音传感器

　　声音传感器的作用相当于一个话筒（麦克风）。它用来接收声波，显示声音的振动图像，但不能对噪声的强度进行测量。该传感器内置一个对声音敏感的电容式驻极体话筒。声波使话筒内的驻极体薄膜振动，导致电容的变化，而产生与之对应变化的微小电压。这一电压随后被转换成 0~5V 的电压，经过 A/D 转换被数据采集器接收，并传送给计算机。

　　声音信号中隐藏着丰富的信息量。因此，当视觉、触觉、味觉、嗅觉等不足以支撑人们完成工作时，声音分析检测可以发挥巨大的效用。同时，因声音信号具备非接触性，避免了因无法接触而收集信息困难的情况。声音分析检测系统逐渐受到越来越多的关注，可在医疗卫生、生产制造、交通运输、安防、仓储、建筑等领域发挥其巨大价值。声音传感器小模块外观图如图 12-1 所示。

图 12-1　声音传感器小模块外观图

声音传感器，在购物网站（如淘宝）很容易找到，一般有 4 线制、3 线制，主要区别是 4 线制的声音传感器兼容 3 线制的，4 线制的多一个模拟量输出，让开发的空间更大，比如对声音粗略的分贝等级，不同分贝的声音控制不同的设备，当然这种模块精度不高。声音传感器的输出方式如下。

（1）数字量输出：通过板载电位器设定声音检测阈值，当检测到声音超过阈值时，通过数字引脚 D0 输出低电平。

（2）模拟量输出：声音越大，A0 引脚输出的电压值越高，通过 ADC 采集的模拟值越高。声音传感器有 4 个引脚，如表 12-1 所示。

表 12-1 声音传感器引脚

引　　脚	功　　能	备　　注
A0	输出模拟量	0~5V
D0	输出数字量	0 与 1
GND	电源负极	
VCC	电源正极	

12.1.2 声控台灯 CAD 原理图设计

打开 CAD 软件，在主界面中分别放置 ATmega328P-PN、1 个声音传感器、1 只 LED 灯、1 个 220Ω 电阻、+5V 电源、GND 各器件。器件放置完毕后，再放置导线，保存文件，命名为 512，设计后的原理图如图 12-2 所示。

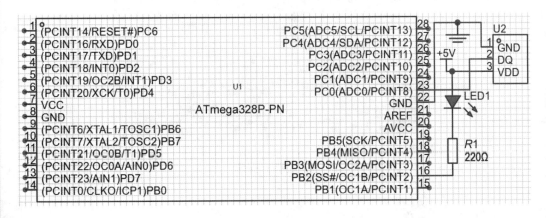

图 12-2 声控台灯原理图

12.1.3 硬件组装调试

设计好原理图后，要用分立电子器件做出硬件电路。做硬件电路一般有三种：一是在做原理图设计时同时设计好印制电路板（PCB），再送做 PCB 的专业厂家制作，但价格较高；二是用万用板焊接；三是用多功能面包板，买好器件后，在面包板上连接电路。现在市场上有各种接口小模块，这些模块是专业人员将各种接口用分立元件焊接在小 PCB 上，实现特定接口功能。本项目用小模块实现。

1．硬件模块

本项目由专用的小集成模块实现，小模块在专门的网站上可以买到，使用时只要按照小模块上的标注接线即可。本项目有 3 个模块，一是主板，即 Arduino UNO 控制器，采用的是 Atmel 公司生产的 ATmega328P-PN 单片机，简称 Arduino UNO 主板，如图 12-2 所示；另外两个模块是指示灯小模块和声音传感器模块，如图 12-3 所示。

图 12-3 主板

2．硬件连接

（1）声音传感器小模块：共三根线，一根信号线接 A0，一根地线，一根电源线接 VCC。

（2）LED 灯小模块：共三根线，一根信号线接主板标注号为 10 的端口，一根地线，一根电源线接 VCC，如图 12-4 所示。

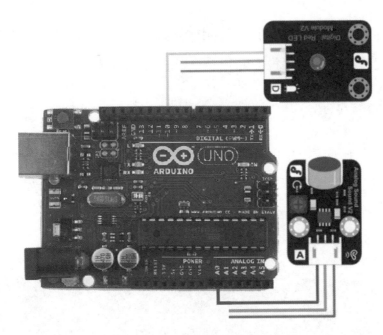

图 12-4 声控台灯实物控制系统

各线连接方法汇总在表 12-2，按表连线，连好线的实物控制系统，如图 12-4 所示。（图中电源线未接）

表 12-2 接线汇总

模 块	引 脚 名	功 能	主板数字标号
声音传感器	GND	接地	GND
	+5V	接 5V 电压	5V
	A0	声音模拟量	A0
	D0	声音数字量	
指示灯	+	二极管正端	10
	−	二极管负端	GND

3. 硬件调试

制作好电路后，要对电路进行检查，检查方法有多种，本项目用程序测试。

任务 12.2　声控台灯编程控制

设计好电路图和用电子元器件制作好电路后，测试也没有问题，下一步就进行编程控制，本项目没有新增指令，主要训练编程方法。

12.2.1　编程思路

程序中使用了一个新的模块——串口输出。模拟输入的信号通过串口传给 Arduino 主控板，使用"串口输出"可以把当前通过串口的数据显示出来，在串口区观察。单击左下角的图标打开串口，可以在窗口中显示上传的数据，如图 12-5 所示。

图 12-5　串口数据显示

现在是用 Mind+ 编写程序，Mind+ 用的是 Arduino 集成开发环境，下面具体介绍程序的编写方法。该程序是输入、主控中心 CPU 和输出联动控制项目，程序编写时，首先检测输入端数据，读取输入数据，CPU 再进行比较判断，根据设定的最大值判断结果，再对输出控制，若声音超出设定值，指示灯亮；若低于设定值，指示灯不亮。

12.2.2　声控台灯图形化编程

打开 Mind+，完成前一课所学的加载扩展 Arduino UNO 库，并用 USB 线将主板和计算机相连，然后在连接设备复选框中选择主板并连接。之后将左侧指令区拖曳到脚本区。编写程序如图 12-6 所示。

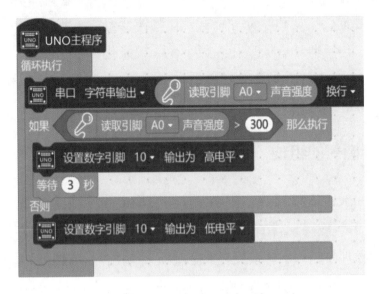

图 12-6　声控台灯程序

输入完毕后，单击下载程序。

运行结果为：以上每一步都完成后，只要有人拍一下手，灯变亮，人不拍手时，灯不亮。

12.2.3　红外线感应器程序调试

图形化编程不成功的几个现象如下。

（1）程序上传失败。

（2）程序存在逻辑错误或者使用了多个主程序模块。

（3）程序上传成功后，没有达到控制效果。

检查数字引脚接口或程序引脚设置是否错误。

 任务 12.3　传　感　器

传感器是能感受到被测量的信息，并能将感受到的信息，按一定规律变换为电信号或其他所需形式的信息输出，以满足信息的传输、处理、存储、显示、记录和控制等要求的检测装置。传感器的存在和发展，让物体有了视觉、听觉、触觉、味觉和嗅觉等感官，让物体变得活了起来，传感器是人类五官的延长。传感器具有微型化、数字化、智能化、多功能化、系统化、网络化等特点，它是实现自动检测和自动控制的首要环节。新型氮化铝传感器，可以在高达900℃的高温下工作。

12.3.1 传感器的组成

传感器一般由敏感元件、转换元件、变换电路和辅助电源四部分组成，如图12-7所示。敏感元件直接感受被测量的信息，并输出与被测量信息有确定关系的物理量信号；转换元件将敏感元件输出的物理量信号转换为电信号；变换电路负责对转换元件输出的电信号进行放大调制；转换元件和变换电路一般还需要辅助电源供电。

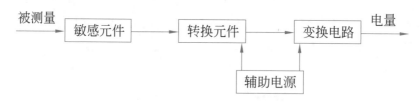

图 12-7　传感器的组成

12.3.2 传感器的种类

按用途分类，传感器可分为压力敏和力敏传感器、位置传感器、液位传感器、能耗传感器、速度传感器、加速度传感器、射线辐射传感器和热敏传感器。传感器的分类方法很多，这里不一一论述。下面介绍一下常用的传感器。

1. 电阻式传感器

电阻式传感器是将被测量信息，如位移、形变、力、加速度、湿度、温度等物理量转换成电阻值的一种器件。它主要有电阻应变式、压阻式、热电阻、热敏、气敏、湿敏等电阻式传感器件。

2. 电阻应变式传感器

电阻应变式传感器中的电阻应变片具有金属的应变效应,即在外力作用下产生机械形变,从而使电阻值随之发生相应的变化。

电阻应变片主要有金属和半导体两类,金属应变片有金属丝式、箔式、薄膜式之分。半导体应变片具有灵敏度高(通常是丝式、箔式的几十倍)、横向效应小等优点。

3. 压阻式传感器

压阻式传感器是根据半导体材料的压阻效应在半导体材料的基片上经扩散电阻而制成的器件。其基片可直接作为测量传感元件,扩散电阻在基片内接成电桥形式。当基片受到外力作用而产生形变时,各电阻值将发生变化,电桥就会产生相应的不平衡输出。用作压阻式传感器的基片(或称膜片)材料主要为硅片和锗片,硅片为敏感材料而制成的硅压阻传感器越来越受到重视,尤其是以测量压力和速度的固态压阻式传感器应用最为普遍。

4. 热电阻传感器

热电阻测温是基于金属导体的电阻值随温度的增加而增加这一特性来进行温度测量的。热电阻大都由纯金属材料制成,应用最多的是铂和铜。此外,已开始采用镍、锰和铑等材料制造热电阻。热电阻传感器主要是利用电阻值随温度变化而变化这一特性来测量温度及与温度有关的参数。在温度检测精度要求比较高的场合,这种传感器比较适用。较为广泛的热电阻材料为铂、铜、镍等,它们具有电阻温度系数大、线性好、性能稳定、使用温度范围宽、加工容易等特点,用于测量 $-200 \sim +500℃$ 范围内的温度。

热电阻传感器可分为两类:① NTC 热电阻传感器:该类传感器为负温度系数传感器,即传感器阻值随温度的升高而减小。② PTC 热电阻传感器:该类传感器为正温度系数传感器,即传感器阻值随温度的升高而增大。

5. 激光传感器

激光传感器是利用激光技术进行测量的传感器。它由激光器、激光检测器和测量电路组成。激光传感器是新型测量仪表，它的优点是能实现无接触远距离测量，具有速度快，精度高，量程大，抗光、电干扰能力强等特点。激光传感器工作时，先由激光发射二极管对准目标发射激光脉冲，经目标反射后激光向各方向散射。部分散射光返回到传感器接收器，被光学系统接收后成像到雪崩光电二极管上。雪崩光电二极管是一种内部具有放大功能的光学传感器，因此它能检测极其微弱的光信号，并将其转换为相应的电信号。利用激光的高方向性、高单色性和高亮度等特点可实现无接触远距离测量。激光传感器常用于长度（如 ZLS-Px）、距离（如 LDM4x）、振动（如 ZLDS10X）、速度（如 LDM30x）、方位等物理量的测量，还可用于探伤和大气污染物的监测等。

6. 霍尔传感器

霍尔传感器是根据霍尔效应制作的一种磁场传感器，广泛地应用于工业自动化技术、检测技术及信息处理等方面。霍尔效应是研究半导体材料性能的基本方法。通过霍尔效应实验测定的霍尔系数，能够判断半导体材料的导电类型、载流子浓度及载流子迁移率等重要参数。

霍尔传感器分为线性型霍尔传感器和开关型霍尔传感器两种。线性型霍尔传感器由霍尔元件、线性放大器和射极跟随器组成，它输出模拟量。开关型霍尔传感器由稳压器、霍尔元件、差分放大器、斯密特触发器和输出级组成，它输出数字量。

霍尔电压随磁场强度的变化而变化，磁场越强，电压越高；磁场越弱，电压越低。霍尔电压值很小，通常只有几毫伏，但经集成电路中的放大器放大，就能使该电压放大到足以输出较强的信号。若使霍尔集成电路起传感作用，需要用机械的方法来改变磁场强度。

常用一个转动的叶轮作为控制磁通量的开关，当叶轮叶片处于磁铁和霍尔集成电路之间的气隙中时，磁场偏离集成片，霍尔电压消失。这样，霍尔集成电路输出电压的变化，就能表示出叶轮驱动轴的某一位置，利用这一工作原理，可将霍尔集成电路芯片用作点火正时传感器。霍尔效应传感器属于被动型传感器，它要外加电源才能工作，这一特点使它能检测转速低的运转情况。

⑦. 温度传感器

温度传感器可分为：

① 室温传感器和管温传感器：室温传感器用于测量室内和室外的环境温度，管温传感器用于测量蒸发器和冷凝器的管壁温度。室温传感器和管温传感器的形状不同，但温度特性基本一致。按温度特性划分，美的使用的室温传感器和管温传感器有两种类型：常数 B 值为 4100K ± 3%，基准电阻为 25℃对应电阻 10kΩ ± 3%。在 0℃ 和 55℃对应电阻公差为 ± 7%；而 0℃ 以下及 55℃以上，对于不同的供应商，电阻公差会有一定的差别。温度越高，阻值越小；温度越低，阻值越大。离 25℃越远，对应电阻公差范围越大。

② 排气温度传感器：用于测量压缩机顶部的排气温度，常数 B 值为 3950K ± 3%，基准电阻为 90℃对应电阻 5kΩ ± 3%。

③ 模块温度传感器：用于测量变频模块（IGBT 或 IPM）的温度，用的感温头的型号是 602F-3500F，基准电阻为 25℃对应电阻 6kΩ ± 1%。几个典型温度的对应阻值分别是：−10℃→（25.897~28.623）kΩ；0℃→（16.3248~17.7164）kΩ；50℃→（2.3262~2.5153）kΩ；90℃→（0.6671~0.7565）kΩ。

温度传感器的种类很多，经常使用的有热电阻：PT100、PT1000、Cu50、Cu100；热电偶：B、E、J、K、S 等。温度传感器不但种类繁多，而且组合形式多样，应根据不同的场所选用合适的产品。

根据温度传感器的电阻阻值、热电偶的电势随温度不同发生有规律的变化的原理，可以得到所需要测量的温度值。

无线温度传感器将控制对象的温度参数变成电信号，并对接收终端发送无线信号，对系统实行检测、调节和控制。可直接安装在一般工业热电阻、热电偶的接线盒内，与现场传感元件构成一体化结构。它通常和无线中继、接收终端、通信串口、电子计算机等配套使用，这样不仅节省了补偿导线和电缆，而且减少了信号传递失真和干扰，从而获得高精度的测量结果。

无线温度传感器广泛应用于化工、冶金、石油、电力、水处理、制药、食品等自动化行业。例如，高压电缆上的温度采集；水下等恶劣环境的温度采集；运动物体上的温度采集；不易连线通过的空间传输传感器数据；单纯为降低布线成本选用的数据采集方案；没有交流电源的工作场合的数据测量；便携式非固定场所数据测量。

8. 智能传感器

智能传感器的功能是通过模拟人的感官和大脑的协调动作，结合长期以来测试技术的研究和实际经验而提出来的。它是一个相对独立的智能单元，它的出现对原来硬件性能的苛刻要求有所减少，而靠软件帮助可以使传感器的性能大幅度提高。

① 信息存储和传输——随着全智能集散控制系统的飞速发展，要求智能单元具备通信功能，用通信网络以数字形式进行双向通信，这也是智能传感器的关键标志之一。智能传感器通过测试数据传输或接收指令来实现各项功能，如增益的设置、补偿参数的设置、内检参数设置、测试数据输出等。

② 自补偿和计算功能——多年来从事传感器研制的工程技术人员一直为传感器的温度漂移和输出非线性作大量的补偿工作，但都没有从根本上解决问题。而智能传感器的自补偿和计算功能为传感器的温度漂移和非线性补偿开辟了新的道路。这样，放宽传感器加工精密度要求，只要能保证传感器的重复性好，利用微处理器对测试的信号通过软件计算，采用多次拟合和差值计算方法对温度漂移和非线性进行补偿，从而能获得较精确的测量结果压力传感器。

③ 自检、自校、自诊断功能——普通传感器需要定期检验和标定，以保证它在正常使用时具有足够的准确度，这些工作一般要求将传感器从使用现场拆卸并送到实验室或检验部门进行。对于在线测量传感器出现异常则不能及时诊断，采用智能传感器，情况则大有改观。首先，自诊断功能在电源接通时进行自检，诊断测试以确定组件有无故障；其次，根据使用时间可以在线进行校正，微处理器利用存储在 EPROM 内的计量特性数据进行对比

校对。

④ 复合敏感功能——观察周围的自然现象，常见的信号有声、光、电、热、力、化学等。敏感元件测量一般通过两种方式，即直接和间接的测量。而智能传感器具有复合功能，能够同时测量多种物理量和化学量，给出能够较全面反映物质运动规律的信息。

9. 光敏传感器

光敏传感器是最常见的传感器之一，它的种类繁多，主要有光电管、光电倍增管、光敏电阻、光敏三极管、太阳能电池、红外线传感器、紫外线传感器、光纤式光电传感器、色彩传感器、CCD 和 CMOS 图像传感器等。它的敏感波长在可见光波长附近，包括红外线波长和紫外线波长。光敏传感器不只局限于对光的探测，它还可以作为探测元件组成其他传感器，对许多非电量进行检测，只要将这些非电量转换为光信号的变化即可。光敏传感器是产量最多、应用最广的传感器之一，它在自动控制和非电量电测技术中占有非常重要的地位。最简单的光敏传感器是光敏电阻，当光子冲击接合处就会产生电流。

10. 生物传感器

生物传感器是生物活性材料（酶、蛋白质、DNA、抗体、抗原、生物膜等）与物理化学换能器有机结合的一门交叉学科，是发展生物技术必不可少的一种先进的检测方法与监控方法，也是物质分子水平的快速、微量分析方法。各种生物传感器有以下共同的结构：包括一种或数种相关生物活性材料（生物膜）及能把生物活性材料表达的信号转换为电信号的物理或化学换能器（传感器），二者组合在一起，用现代微电子和自动化仪表技术进行生物信号的再加工，构成各种可以使用的生物传感器分析装置、仪器和系统。

生物传感器的原理：待测物质经扩散作用进入生物活性材料，经分子识别，发生生物学反应，产生的信息继而被相应的物理或化学换能器转换成可定量和可处理的电信号，再经二次仪表放大并输出，便可知道待测物浓度。

生物传感器的分类：按照其感受器中所采用的生命物质分类可分为微生

物传感器、免疫传感器、组织传感器、细胞传感器、酶传感器、DNA 传感器等。

按照传感器器件检测的原理分类，可分为热敏生物传感器、场效应管生物传感器、压电生物传感器、光学生物传感器、声波道生物传感器、酶电极生物传感器、介体生物传感器等。按照生物敏感物质相互作用的类型分类，可分为亲和型和代谢型两种。

11. 视觉传感器

视觉传感器具有从一整幅图像捕获光线的数以千计的像素的能力，图像的清晰和细腻程度通常用分辨率来衡量，以像素数量表示。

在捕获图像之后，视觉传感器将其与内存中存储的基准图像进行比较，以做出分析。例如，若视觉传感器被设定为辨别正确地插有 8 颗螺栓的机器部件，则传感器知道应该拒收只有 7 颗螺栓的部件，或者螺栓未对准的部件。此外，无论该机器部件位于视场中的哪个位置，或该部件是否在 360° 范围内旋转，视觉传感器都能做出判断。

视觉传感器的低成本和易用性已吸引机器设计师和工艺工程师将其集成于各类曾经依赖人工、多个光电传感器，或根本不检验的应用。视觉传感器的工业应用包括检验、计量、测量、定向、瑕疵检测和分拣。例如以下应用范例：在汽车组装厂，检验由机器人涂抹到车门边框的胶珠是否连续，是否有正确的宽度；在瓶装厂，校验瓶盖是否正确密封、装灌液位是否正确，以及在封盖之前没有异物掉入瓶中；在包装生产线，确保在正确的位置粘贴正确的包装标签；在药品包装生产线，检验阿司匹林药片的泡罩式包装中是否有破损或缺失的药片；在金属冲压公司，以每分钟逾 150 片的速度检验冲压部件，比人工检验快 13 倍以上。

12. 位移传感器

位移传感器又称为线性传感器，把位移转换为电量的传感器。位移传感器是一种属于金属感应的线性器件，其作用是把各种被测物理量转换为电量。它分为电感式位移传感器、电容式位移传感器、光电式位移传感器、超声波式位移传感器和霍尔式位移传感器。在这种转换过程中有许多物理量（如压力、流量、加速度等）常常需要先变换为位移，然后再将位移变换成电量。因此，位移传感器是一类重要的基本传感器。

在生产过程中，位移的测量一般分为测量实物尺寸和机械位移两种。机械位移包括线位移和角位移。按被测变量变换的形式不同，位移传感器可分为模拟式和数字式两种。模拟式又可分为物性型（如自发电式）和结构型两种。常用位移传感器以模拟式结构型居多，包括电位器式位移传感器、电感式位移传感器、自整角机、电容式位移传感器、电涡流式位移传感器、霍尔式位移传感器等。

数字式位移传感器的一个重要优点是便于将信号直接送入计算机系统，这种传感器发展迅速，应用日益广泛。

13. 压力传感器

压力传感器是工业实践中最为常用的一种传感器，其广泛应用于各种工业自控环境，涉及水利水电、铁路交通、智能建筑、生产自控、航空航天、军工、石化、油井、电力、船舶、机床、管道等众多行业。

14. 超声波测距离传感器

超声波测距离传感器采用超声波回波测距原理，运用精确的时差测量技术，检测传感器与目标物之间的距离，采用小角度、小盲区超声波传感器，具有测量准确、无接触、防水、防腐蚀、低成本等优点，可应用于液位、物位检测，特有的液位、料位检测方式，可保证在液面有泡沫或大的晃动，不易检测到回波的情况下有稳定的输出。超声波测距离传感器的应用行业有液位、物位、料位检测和工业过程控制等。

15. 24GHz 雷达传感器

24GHz 雷达传感器采用高频微波来测量物体运动速度、距离、运动方向和方位角度信息，采用平面微带天线设计，具有体积小、质量轻、灵敏度高、稳定性强等特点，广泛运用于智能交通、工业控制、安防、体育运动、智能家居等行业。工业和信息化部于 2012 年 11 月 19 日正式发布了《工业和信息化部关于发布 24GHz 频段短距离车载雷达设备使用频率的通知》（工信部无〔2012〕548 号），明确提出 24GHz 频段短距离车载雷达设备作为车载雷达设备的规范。

16. 一体化温度传感器

一体化温度传感器一般由测温探头（热电偶或热电阻传感器）和两线制固体电子单元组成。采用固体模块形式将测温探头直接安装在接线盒内，从而形成一体化的传感器。一体化温度传感器一般分为热电阻和热电偶两种类型。

热电阻温度传感器是由基准单元、R/V 转换单元、线性电路、反接保护、限流保护、V/I 转换单元等组成。测温热电阻信号转换放大后，再由线性电路对温度与电阻的非线性关系进行补偿，经 V/I 转换电路后输出一个与被测温度呈线性关系的 4~20mA 的恒流信号。

热电偶温度传感器一般由基准源、冷端补偿、放大单元、线性化处理、V/I 转换、断偶处理、反接保护、限流保护等电路单元组成。它是将热电偶产生的热电势经冷端补偿放大后，再由线性电路消除热电势与温度的非线性误差，最后放大转换为 4~20mA 电流输出信号。为防止热电偶测量中由于电偶断丝而使控温失效造成事故，传感器中还设有断电保护电路。当热电偶断丝或接触不良时，传感器会输出最大值（28mA）以使仪表切断电源。

一体化温度传感器具有结构简单、节省引线、输出信号大、抗干扰能力强、线性好、显示仪表简单、固体模块抗震防潮、有反接保护和限流保护、工作可靠等优点。一体化温度传感器的输出为统一的 4~20mA 信号，可与微机系统或其他常规仪表匹配使用，也可按用户要求做成防爆型或防火型测量仪表。

17. 液位传感器

液位传感器可分为以下几种。

① 浮球式液位传感器：由磁性浮球、测量导管、信号单元、电子单元、接线盒及安装件组成。一般磁性浮球的比重小于 0.5，可漂于液面之上，并

沿测量导管上下移动。导管内装有测量元件,它可以在外磁作用下将被测液位信号转换成正比于液位变化的电阻信号,并将电子单元转换成 4~20mA 或其他标准信号输出。该传感器为模块电路,具有耐酸、防潮、防震、防腐蚀等优点,电路内部含有恒流反馈电路和内保护电路,可使输出最大电流不超过 28mA,因而能够可靠地保护电源并使二次仪表不被损坏。

② 浮筒式液位传感器:是将磁性浮球改为浮筒,它是根据阿基米德浮力原理设计的。浮筒式液位传感器是利用微小的金属膜应变传感技术来测量液体的液位、界位或密度的。它在工作时可以通过现场按键来进行常规的设定操作。

③ 静压或液位传感器:该传感器利用液体静压力的测量原理工作。它一般选用硅压力测压传感器将测量到的压力转换成电信号,再经放大电路放大和补偿电路补偿,最后以 4~20mA 或 0~10mA 电流方式输出。

18. 真空度传感器

真空度传感器采用先进的硅微机械加工技术生产,以集成硅压阻力敏感元件作为传感器的核心元件制成的绝对压力变送器,由于采用硅 - 硅直接键合或硅 - 派勒克斯玻璃静电键合形成的真空参考压力腔,以及一系列无应力封装技术及精密温度补偿技术,因而具有稳定性优良、精度高的突出优点,适用于各种情况下绝对压力的测量与控制。

真空度传感器采用低量程芯片真空绝压封装,产品具有高的过载能力。芯片采用真空充注硅油隔离,不锈钢薄膜过渡传递压力,具有优良的介质兼容性,适用于对 316L 不锈钢无腐蚀的绝大多数气体、液体介质真空压力的测量。真空度传感器应用于各种工业环境的低真空测量与控制。

19. 电容式物位传感器

电容式物位传感器适用于工业企业在生产过程中进行测量和控制生产过程,主要用作类导电与非导电介质的液体液位或粉粒状固体料位的远距离连续测量和指示。

电容式物位传感器由电容式传感器与电子模块电路组成,它以两线制

4~20mA 恒定电流输出为基型，经过转换，可以用三线制或四线制方式输出，输出信号为 1~5V、0~5V、0~10mA 等标准信号。

电容传感器由绝缘电极和装有测量介质的圆柱形金属容器组成。当料位上升时，因非导电物料的介电常数明显小于空气的介电常数，所以电容量随着物料高度的变化而变化。传感器的模块电路由基准源、脉宽调制、转换、恒流放大、反馈和限流等单元组成。采用脉宽调特原理进行测量的优点是频率较低，对周围无射频干扰、稳定性好、线性好、无明显温度漂移等。

20. 锑电极酸度传感器

锑电极酸度传感器是集 pH 检测、自动清洗、电信号转换为一体的工业在线分析仪表，它是由锑电极与参考电极组成的 pH 值测量系统。在被测酸性溶液中，由于锑电极表面会生成三氧化二锑氧化层，这样在金属锑面与三氧化二锑之间会形成电位差。该电位差的大小取决于三氧化二锑的浓度，该浓度与被测酸性溶液中氢离子的浓度相对应。如果把锑、三氧化二锑和水溶液的浓度都当作 1，其电极电位就可用能斯特公式计算出来。

锑电极酸度传感器中的固体模块电路由两部分组成。为了现场作用的安全起见，电源部分采用交流 24V 为二次仪表供电。这一电源除为清洗电机提供驱动电源外，还应通过电流转换单元转换成相应的直流电压，以供变送电路使用。第二部分是测量传感器电路，它把来自传感器的基准信号和 PH 酸度信号经放大后送给斜率调整和定位调整电路，以使信号内阻降低并可调节。将放大后的 pH 信号与温度补偿信号进行选加后再传进转换电路，最后输出与 pH 值相对应的 4~20mA 恒流电流信号给二次仪表，以完成显示并控制 pH 值。

21. 酸、碱、盐浓度传感器

酸、碱、盐浓度传感器通过测量溶液电导值来确定浓度。它可以在线连续检测工业过程中酸、碱、盐在水溶液中的浓度含量。这种传感器主要应用于锅炉给水处理、化工溶液的配制以及环保等工业生产过程。

酸、碱、盐浓度传感器的工作原理是：在一定的范围内，酸碱溶液的浓度与其电导率的大小成比例。因此，只要测出溶液电导率的大小便可得知酸碱浓度的高低。当被测溶液流入专用电导池时，如果忽略电极极化和分布电容，则可以等效为一个纯电阻。在有恒压交变电流流过时，其输出电流与电导率呈线性关系，而电导率又与溶液中酸、碱浓度成比例关系。因此只要测出溶液电流，便可算出酸、碱、盐的浓度。

酸、碱、盐浓度传感器主要由电导池、电子模块、显示表头和壳体组成。电子模块电路则由激励电源、电导池、电导放大器、相敏整流器、解调器、温度补偿、过载保护和电流转换等单元组成。

22. 电导传感器

电导传感器是通过测量溶液的电导值来间接测量离子浓度的流程仪表（一体化传感器），可在线连续检测工业过程中水溶液的电导率。由于电解质溶液与金属导体均是带电的良导体，因此电流流过电解质溶液时必有电阻作用，且符合欧姆定律。但液体的电阻温度特性与金属导体相反，具有负向温度特性。为区别于金属导体，电解质溶液的导电能力用电导（电阻的倒数）或电导率（电阻率的倒数）表示。

当两个互相绝缘的电极组成电导池时，若在其中间放置待测溶液，并通以恒压交变电流，就形成电流回路。如果将电压大小和电极尺寸固定，则回路电流与电导率就存在一定的函数关系。这样，测量待测溶液中流过的电流，就能测出待测溶液的电导率。电导传感器的结构和电路与酸、碱、盐浓度传感器相同。

23. 变频功率传感器

变频功率传感器通过对输入的电压、电流信号进行交流采样，再将采样值通过电缆、光纤等传输系统与数字量输入二次仪表相连，数字量输入二次仪表对电压、电流的采样值进行运算，可以获取电压有效值、电流有效值、基波电压、基波电流、谐波电压、谐波电流、有功功率、基波功率、谐波功率等参数。

24. 称重传感器

称重传感器是一种能够将重力转变为电信号的力 - 电转换装置，是电子衡器的一个关键部件。能够实现力 - 电转换的传感器有多种，常见的有电阻应变式、电磁力式和电容式等。电磁力式主要用于电子天平，电容式用于部分电子吊秤，而绝大多数衡器产品所用的还是电阻应变式称重传感器。

电阻应变式称重传感器结构较简单，准确度高，适用面广，且能够在相对比较差的环境下使用。因此，电阻应变式称重传感器在衡器中得到了广泛运用。

25. 测血糖

2022 年 11 月，韩国蔚山国立科学技术院研究团队提出了一种基于电磁的传感器，报告了一种无须抽血即可测量血糖水平的新方法。这种可植入式传感器可替代基于酶或光学的葡萄糖传感器，不仅克服了现有连续血糖监测系统寿命短等缺点，而且提高了血糖预测的准确性。

任务 12.4　总结及评价

自主评价式的展示。说一说制作声控台灯的全过程，请同学们介绍所用每个电子元器件的功能，电子 CAD 放置继电器的方法和步骤，每条指令的作用和使用方法。展示自己制作的声控台灯作品。

1. 任务完成大调查

任务完成后，还要进行总结和讨论，教学时可用表 0-1 进行自我评价。

2. 行为考核指标

行为考核指标，主要采用批评与自我批评、自育与互育相结合的方法。同时采用自我考核、小组考核和班级评定方法。班级每周进行一次民主生活会，就自己的行为指标进行评议，教学时可用表 0-2 进行评价。

3.　集体讨论题

（1）网上搜集传感器的种类及工作原理。

（2）网上搜集各类传感器的维修方法。

4.　思考与练习

（1）在电子 CAD 中怎样找到各种传感器符号？

（2）怎样通过串行口观察数据？

项目 13　声光双控楼道灯

　　本项目要接触到光敏传感器。红外线感应器是光敏传感器的一种,需要红外线触发,光敏传感器是有太阳光就能触发。本项目学习光敏传感器的设计方法,主要知识点就是怎样用单片机通过光敏传感器控制灯工作。

任务 13.1　声光双控楼道灯硬件拼装

顾名思义，本项目需要通过声音传感器代替按钮形式的开关。声音控制开关在天亮和黑夜时，只要有声音都能亮灯，实际控制中只在黑夜有声音时才能亮灯，为了达到控制目的，再加一个光敏传感器，这样两个传感器分别设置条件，只有在两个条件都满足的情况下才能亮灯。在 Arduino 主控板上，两个传感器仍然是输入 0~1023 的数值。

13.1.1　器件识别

生活中比较常见的应用就是声光双控楼道灯。在白天，楼道在阳光照射下并不昏暗时，声音再大，楼道灯也是不会亮的。这是因为控制楼道灯的开关，不只有模拟声音传感器，还有光敏传感器，如图 13-1 所示。光敏传感器可以将周围的亮度转换为模拟信号，输入到 Arduino 主控板上。要实现的功能是，当亮度暗且有声音时，灯才亮。

图 13-1　光敏传感器外观图

13.1.2　声光双控楼道灯 CAD 原理图设计

打开 CAD 软件，在主界面中分别放置 ATmega328P-PN、1 个声音传感器、1 个光敏传感器、1 只 LED 灯、1 个 220Ω 电阻、+5V 电源、GND 各器件。器件放置完毕后，再放置导线，保存文件，命名为 513，设计后的原理图如

图 13-2 所示。

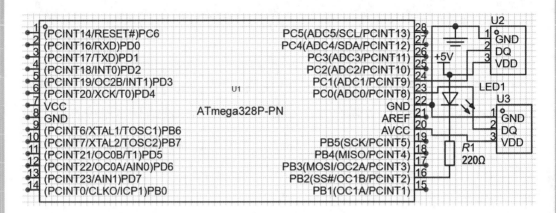

图 13-2　声光双控楼道灯电路图

13.1.3　硬件组装调试

本项目由专用的小集成模块实现，共 4 个模块，即主板、指示灯小模块、声音传感器模块和光敏模块。声音传感器接主板标号 A0；LED 灯接主板标号 10。 注意插线时的颜色要对应。声音传感器小模块的三根线，一根信号线接 A0，一根地线，一根电源线接 VCC。LED 灯小模块的三根线，一根信号线接主板标号 10，一根地线，一根电源线接 VCC。光敏传感器与声音传感器类似，输出线相同。

表 13-1　接线汇总

模　　块	引　脚　名	功　　能	主板数字标号
声音传感器	GND	接地	GND
	+5V	接 5V 电压	5V
	A0	模拟量输出	A0
	D0	数字量输出	
光敏传感器	GND	接地	GND
	+5V	接 5V 电压	5V
	A0	模拟量输出	A1
	D0	数字量输出	
指示灯	+	二极管正端	10
	−	二极管负端	GND

1. 硬件连接

各线连接方法汇总在表 13-1，按表连线，连好线的实物控制系统如图 13-3 所示。（图中电源线未接）

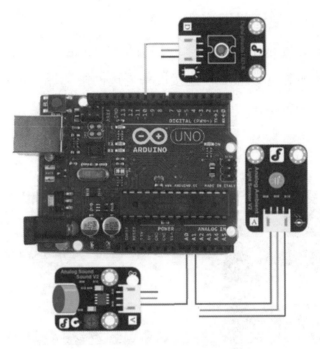

图 13-3　声光双控楼道灯实物控制系统

2. 硬件调试

制作好电路后,要对电路进行检查,检查方法有多种,本项目用程序测试。

任务 13.2　声光双控楼道灯编程控制

设计好电路图和用电子元器件制作好电路后，测试也没有问题，下一步就进行编程控制，本项目没有新增指令，主要训练编程方法。

1. 编程思路

现在是用 Mind+ 编写程序，Mind+ 用的是 Arduino 集成开发环境，下面具体介绍程序的编写方法。该程序是输入、主控中心 CPU 和输出联动控制项目，程序编写时，首先检测输入端状态，读取输入端数据，CPU 再进行比较判断，根据判断结果再对输出控制，编程时要两个条件都满足才亮灯，一是黑暗，二是有声音，其中一个条件不满足灯就不亮。

2. 声光双控楼道灯图形化编程

打开 Mind+，完成前一课所学的加载扩展 Arduino UNO 库，并用 USB 线将主板和计算机相连，然后在连接设备复选框中选择主板并连接。之后将左侧指令区拖曳到脚本区。编写程序如图 13-4 所示。

图 13-4 声光双控楼道灯程序

输入完毕后，单击下载程序。

运行结果为：以上每一步都完成后，会在黑夜且有声音时，灯亮；白天没声音时，灯不亮。

3. 声光双控楼道灯程序调试

图形化编程不成功的几个现象如下。

（1）程序上传失败。

（2）程序存在逻辑错误或者使用了多个主程序模块。

（3）程序上传成功后，没有达到控制效果。

检查数字引脚接口或程序引脚设置是否错误。

任务 13.3　光敏传感器

光敏传感器是最常见的传感器之一，它的种类繁多，主要有光电管、光电倍增管、光敏电阻、光敏三极管、太阳能电池、红外线传感器、紫外线传感器、光纤式光电传感器、色彩传感器、CCD 和 CMOS 图像传感器等。光敏传感器是产量最多、应用最广的传感器之一，它在自动控制和非电量电测技术中占有非常重要的地位。最简单的光敏传感器是光敏电阻，当光子冲击接合处就会产生电流。光敏传感器外形如图 13-5 所示。

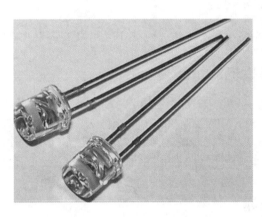

图 13-5　光敏传感器外形图

1. 工作原理

光敏传感器是利用光敏元件将光信号转换为电信号的传感器，它的敏感波长在可见光波长附近，包括红外线波长和紫外线波长。光敏传感器不只局限于对光的探测，它还可以作为探测元件组成其他传感器，对许多非电量进行检测，只要将这些非电量转换为光信号的变化即可。

2. 应用

光敏传感器中最简单的电子器件是光敏电阻，它能感应光线的明暗变化，输出微弱的电信号，通过简单电子线路放大处理，可以控制 LED 灯具的自动开关。因此在自动控制、家用电器中得到广泛的应用，对于远程的照明灯具，例如，在电视机中作亮度自动调节，照相机中作自动曝光；另外，也在路灯、航标等自动控制电路、卷带自停装置及防盗报警装置中等方面应用。

 ## 任务 13.4　总结及评价

自主评价式的展示。说一说制作声光双控楼道灯的全过程，请同学们介绍所用每个电子元器件的功能，电子 CAD 的使用方法和步骤，每条指令的作用和使用方法。展示自己制作的声光双控楼道灯作品。

1. 任务完成大调查

任务完成后，还要进行总结和讨论，教学时可用表 0-1 进行自我评价。

2. 行为考核指标

行为考核指标，主要采用批评与自我批评、自育与互育相结合的方法。同时采用自我考核、小组考核和班级评定方法。班级每周进行一次民主生活会，就自己的行为指标进行评议，教学时可用表 0-2 进行评价。

3. 集体讨论题

（1）网上搜集光敏传感器的种类及工作原理。

（2）网上搜集光敏传感器的维修方法。

4. 思考与练习

（1）在电子 CAD 中怎样删除器件？

（2）怎样移动和翻动器件？

项目 14　舵机自动控制器

　　本项目要接触到舵机。舵机是一种电机，它使用一个反馈系统来控制电机的位置，可以很好地掌握电机角度。大多数舵机是可以最大旋转 180°。也有一些能旋转更大角度，甚至 360°。舵机常用于对角度有要求的场合，比如摄像头、智能小车前置探测器、需要在某个范围内进行监测的移动平台。既可以将舵机与玩具结合，让玩具动起来；又可以用多个舵机，做个小型机器人，舵机就可以作为机器人的关节部分。所以，舵机的用处很多。本项目学习舵机自动控制器的设计方法，主要知识点就是怎样用单片机控制舵机转动设定的角度。

任务 14.1　舵机自动控制器硬件拼装

舵机的自动控制信号实际上是一个脉冲宽度调制信号（PWM 信号），该信号可由 FPGA（现场可编程门阵列）器件、模拟电路或单片机产生。转动多少角度由脉冲宽度变化来控制，若设定旋转 180°，编程时每次增加角度 "1" 度，使舵机转动 180°，再每次减少 "1" 度，使舵机转动旋转到原处，反复循环，反复旋转。

14.1.1　舵机识别

舵机主要是由外壳、电路板、驱动马达、减速器与位置检测元件构成。其工作原理是由接收机发出信号给舵机，经由电路板上的 IC 驱动无核心马达开始转动，透过减速齿轮将动力传至摆臂，同时由位置检测器送回信号，判断是否已经到达定位。位置检测器其实就是可变电阻，当舵机转动时，电阻值也会随之改变，即由检测电阻值便可知转动的角度。

一般的伺服马达是将细铜线缠绕在三极转子上，当电流流经线圈时便会产生磁场，与转子外围的磁铁产生排斥作用，进而产生转动的作用力。依据物理学原理，物体的转动惯量与质量成正比，因此要转动质量越大的物体，所需的作用力也越大。舵机为求转速快、耗电小，于是将细铜线缠绕成极薄的中空圆柱体，形成一个重量极轻的无极中空转子，并将磁铁置于圆柱体内，这就是空心杯马达。

为了适应不同的工作环境，有防水及防尘设计的舵机；并且因应不同的负载需求，舵机的齿轮有塑胶及金属之分，金属齿轮的舵机一般皆为大扭力及高速型，具有齿轮不会因负载过大而崩齿的优点。较高级的舵机会装置滚珠轴承，使得转动时能更轻快精准。滚珠轴承有一颗及两颗的区别，当然是两颗的比较好。新推出的 FET 舵机，主要是采用 FET（Field Effect Transistor）场效电晶体。FET 具有内阻低的优点，因此电流损耗比一般电晶体少。图 14-1 为三种舵机外观图。

控制电路 → 直流电动机 → 减速齿轮组 → 舵机摆臂

角度传感器

外部角度控制信息

图 14-1　舵机外观图

14.1.2　舵机自动控制器 CAD 原理图设计

打开 CAD 软件，在主界面中分别放置 ATmega328P-PN、1 个舵机 U2、+5V 电源、GND 各器件。器件放置完毕后，再放置导线，保存文件，命名为 514，设计后的原理图如图 14-2 所示。

14.1.3　硬件组装调试

设计好原理图后，一般要同时设计好印制电路板（PCB），做 PCB 需要

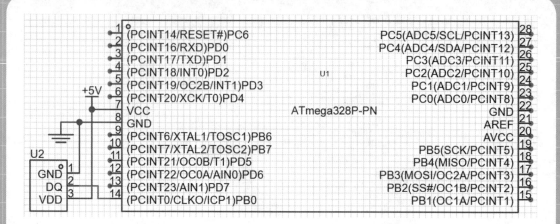

图 14-2 舵机自动控制器电路图

专门的厂家，价格较高，一般用多功能面包板代替，买好器件后，就可在面包板上连接电路。

1. 所需电子元器件

除项目 1 中的 DFRduino UNO（以及配套 USB 数据线）、Prototype Shield 原型扩展板和面包板外，还需一个舵机。电子元器件的规格和外形如表 14-1 所示。

表 14-1 电子元器件的规格和外形

器 件 规 格	外 形
① 若干彩色连接线	
② 1 个小功率舵机	如图 14-1 所示

2. 硬件连接

使用主板，取出舵机，按要求接好线，这个项目的连线很简单，只需按要求连接舵机的三根线就可以了，连的时候注意线序，舵机引出三根线。一根是红色，连到 +5V 上。一根是棕色（有些是黑的），连到 GND。还有一根是黄色或者绿色控制信号线，连到主板标号为 9 的端口，如图 14-3 所示。

3. 硬件调试

制作好电路后，要对电路进行检查，检查方法有多种，本项目用程序测试。

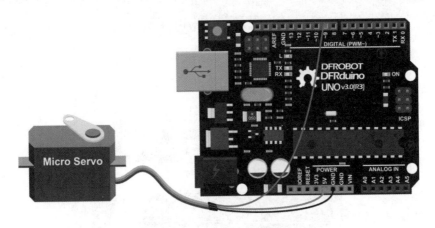

图 14-3　舵机自动控制器

任务 14.2　舵机自动控制器编程控制

设计好电路图和用电子元器件制作好电路后，测试也没有问题，下一步就进行编程控制，在编程之前要对指令进行了解。

14.2.1　指令介绍

现在是用 Mind+ 编写程序，Mind+ 用的是 Arduino 集成开发环境，下面具体介绍程序的编写方法。首先学习一下程序中用到的新指令是如何工作的。本项目用到的指令如表 14-2 所示。

表 14-2　图形化指令

所属模块	指　　令	功　　能
执行器	设置 9 ▾ 引脚伺服舵机为 90 度	控制舵机旋转 90°

14.2.2　舵机自动控制器图形化编程

打开 Mind+，完成前一课所学的加载扩展 Arduino UNO 库，并用 USB 线将主板和计算机相连，然后在连接设备复选框中选择主板并连接。之后将左侧指令区拖曳到脚本区。编写程序如图 14-4 所示。

图 14-4　程序

输入完毕后，单击下载程序。

运行结果为：以上每一步都完成后，可以看到舵机旋转 180°。

14.2.3　舵机自动控制器程序调试

图形化编程不成功的几个现象如下。

（1）程序上传失败。

（2）程序存在逻辑错误或者使用了多个主程序模块。

（3）程序上传成功后，没有旋转 180°。

检查数字引脚接口或程序引脚设置是否错误。

 ## 任务 14.3　舵　　机

舵机是指在自动驾驶仪中操纵飞机舵面（操纵面）转动的一种执行部件，可分为：①电动舵机，由电动机、传动部件和离合器组成。接收自动驾驶仪的指令信号而工作，当人工驾驶飞机时，由于离合器保持脱开而传动部件不发生作用。②液压舵机，由液压作动器和旁通活门组成。当人工驾驶飞机时，旁通活门打开，由于作动器活塞两边的液压互相连通而不妨碍人工操纵。此外，还有电动液压舵机，简称"电液舵机"。舵机的大小由外舾装按照船级社的规范决定，选型时主要考虑扭矩大小。如何审慎地选择经济且合乎需求的舵机，也是一门不可轻忽的学问。

舵机故障诊断对于提高飞行安全十分关键，而故障的漏检和虚警则直接关系到飞行器的安全和飞行品质。近年来，国内外较为深入地研究了对过程建模的故障检测方法，主要包括参数估计法、状态观测法以及等价空间法等。

舵机一般故障判断如下。

（1）炸机（炸机是航模术语，一般来说，由于操作不当或机器故障等导致飞行航模不正常坠地）后舵机电机狂转、舵盘摇臂不受控制、摇臂打滑，可以断定：齿轮扫齿了，换齿轮。

（2）炸机后舵机一致性锐减，现象是炸坏的舵机反应迟钝，发热严重，尽管舵机可以随着控制指令运行，但是舵量很小很慢，基本断定：舵机电机过流了，拆下电机后发现电机空载电流很大（大于 150mA），失去完好的性能（完好电机空载电流 ≤60~90mA），换舵机电机。

（3）炸机后舵机打舵后无任何反应，基本确定是由舵机电子回路断路、接触不良或舵机的电机、电路板的驱动部分烧毁导致的，先检查线路，包括插头，电机引线和舵机引线是否有断路现象，如果没有的话，就进行逐一排除。先将电机卸下测试空载电流，如果空载电流小于 90mA，则说明电机是好的，那问题应该是舵机驱动烧坏了。

（4）舵机故障是摇臂只能一边转动，另外一边不动的话，可以判断：舵机电机是好的，主要检查驱动部分，有可能烧了一边的驱动三极管，按照第（3）种情况维修即可。

（5）维修好舵机后通电，发现舵机向一个方向转动后就卡住不动，舵机吱吱地响，说明舵机电机的正负极或电位器的端线接错，电机的两个接线倒个方向就可以。

（6）崭新的舵机买回来后，通电发现舵机狂抖，但转动一下摇臂后，舵机一切正常，说明舵机在出厂的时候装配不当或齿轮精度不够，这个故障一般发生在金属舵机上，如果不想退货或者更换的话，自行解决的方法：卸下舵机后盖，将舵机电机与舵机减速齿轮分离后，在齿轮之间挤点牙膏，上好舵机齿轮顶盖和减速箱螺丝后，安上舵机摇臂，用手反复旋转摇臂碾磨金属舵机齿轮，直至齿轮运转顺滑、齿轮摩擦噪声减小后，将舵机齿轮卸下，用汽油清洗后，装齿轮上硅油组装好舵机，即可解决舵机故障。

（7）有一种故障舵机表现很古怪：摇动控的遥感，舵机有正常的反应，但是固定控的遥感某一位置后，故障舵机摇臂还在慢慢地运行，或者摇臂动作拖泥带水，并来回动作。经过多次维修后发现问题所在：应该紧密卡在舵机末级齿轮中电位器的金属转柄，与舵机摇臂大齿轮（末级）结合不紧，甚至发生打滑现象，导致舵机无法正确寻找摇动控发出的位置指令，反馈不准，不停寻找，解决电位器与摇臂齿轮的紧密结合后，故障可以排除。按照该方法检修后故障仍旧存在的话，也有可能是舵机电机的问题或电位器的问题，需要综合分析逐一排查。

（8）故障舵机不停地抖舵，排除无线电干扰,动控摇臂仍旧抖动的话——电位器老化，换之，或直接报废掉，当配件。

（9）数码斜盘舵机装机过后发现舵机运行不正常，快慢不一，退回厂家，后来换回 3 个后还是一致性差，最后才知道原因是有些数码舵机对 BEC 要求高，加装 5V 电压、3A 电流外置 BEC 后，故障排除，与舵机质量无关。

任务 14.4　总结及评价

自主评价式的展示。说一说制作舵机自动控制器的全过程，请同学们介绍所用每个电子元器件的功能，电子 CAD 的使用方法和步骤，每条指令的作用和使用方法。展示自己制作的舵机自动控制器作品。

1. 任务完成大调查

任务完成后，还要进行总结和讨论，教学时可用表 0-1 进行自我评价。

2. 行为考核指标

行为考核指标，主要采用批评与自我批评、自育与互育相结合的方法。同时采用自我考核、小组考核和班级评定方法。班级每周进行一次民主生活会，就自己的行为指标进行评议，教学时可用表 0-2 进行评价。

3. 集体讨论题

（1）编写程序，使舵机旋转 45°。

（2）怎样判断舵机的好坏？

4. 思考与练习

（1）设计 2 个舵机控制电路。

（2）编写程序，使 2 个舵机旋转 90°。